Christophe Stevenin

Étude de l'atomisation d'un jet d'eau haute vitesse

Christophe Stevenin

Étude de l'atomisation d'un jet d'eau haute vitesse

Application à l'irrigation par aspersion et à la pulvérisation

Presses Académiques Francophones

Impressum / Mentions légales
Bibliografische Information der Deutschen Nationalbibliothek: Die Deutsche Nationalbibliothek verzeichnet diese Publikation in der Deutschen Nationalbibliografie; detaillierte bibliografische Daten sind im Internet über http://dnb.d-nb.de abrufbar.
Alle in diesem Buch genannten Marken und Produktnamen unterliegen warenzeichen-, marken- oder patentrechtlichem Schutz bzw. sind Warenzeichen oder eingetragene Warenzeichen der jeweiligen Inhaber. Die Wiedergabe von Marken, Produktnamen, Gebrauchsnamen, Handelsnamen, Warenbezeichnungen u.s.w. in diesem Werk berechtigt auch ohne besondere Kennzeichnung nicht zu der Annahme, dass solche Namen im Sinne der Warenzeichen- und Markenschutzgesetzgebung als frei zu betrachten wären und daher von jedermann benutzt werden dürften.

Information bibliographique publiée par la Deutsche Nationalbibliothek: La Deutsche Nationalbibliothek inscrit cette publication à la Deutsche Nationalbibliografie; des données bibliographiques détaillées sont disponibles sur internet à l'adresse http://dnb.d-nb.de.
Toutes marques et noms de produits mentionnés dans ce livre demeurent sous la protection des marques, des marques déposées et des brevets, et sont des marques ou des marques déposées de leurs détenteurs respectifs. L'utilisation des marques, noms de produits, noms communs, noms commerciaux, descriptions de produits, etc, même sans qu'ils soient mentionnés de façon particulière dans ce livre ne signifie en aucune façon que ces noms peuvent être utilisés sans restriction à l'égard de la législation pour la protection des marques et des marques déposées et pourraient donc être utilisés par quiconque.

Coverbild / Photo de couverture: www.ingimage.com

Verlag / Editeur:
Presses Académiques Francophones
ist ein Imprint der / est une marque déposée de
AV Akademikerverlag GmbH & Co. KG
Heinrich-Böcking-Str. 6-8, 66121 Saarbrücken, Deutschland / Allemagne
Email: info@presses-academiques.com

Herstellung: siehe letzte Seite /
Impression: voir la dernière page
ISBN: 978-3-8381-7655-0

THÈSE

présentée par
Christophe STEVENIN

pour obtenir le grade de
Docteur de l'École Centrale Marseille
Spécialité : Mécanique des Fluides

Étude de l'atomisation d'un jet d'eau haute vitesse
Application à l'irrigation par aspersion et à la pulvérisation

Soutenue le 30 novembre 2012
devant le jury composé de :

Dr M.	**Amielh,** (Chargée de recherche, CNRS de Marseille)	Invitée
Pr F.	**Anselmet,** (Professeur à l'École Centrale Marseille)	Directeur de thèse
Pr R.	**Borghi,** (Professeur émérite à l'École Centrale Marseille)	Examinateur
Dr A.	**Cartellier,** (Directeur de recherche, CNRS de Grenoble)	Président du jury
Pr J.	**Cousin,** (Professeur à l'INSA de Rouen)	Rapporteur
Dr J. J.	**Lasserre,** (Ingénieur, Dantec Dynamics)	Invité
Dr F.	**Risso,** (Directeur de recherche, CNRS de Toulouse)	Rapporteur
Dr S.	**Tomas,** (Ing. de recherche, IRSTEA UMR G-EAU, encadrante)	Invitée
Dr A.	**Vallet,** (Chargée de recherche, IRSTEA UMR ITAP, encadrante)	Examinatrice

Remerciements

Je remercie tout d'abord la région PACA et le FEDER, qui se sont associés à l'IRSTEA pour financer ces trois années de recherche.

Je tiens à remercier tout particulièrement les personnes qui ont encadré et orienté cette thèse : Fabien Anselmet, qui a accepté de diriger mes travaux de thèse, Séverine Tomas et Ariane Vallet, mes encadrantes de l'IRSTEA, et Muriel Amielh, pour son investissement dans cette thèse. Merci à eux pour leurs conseils avisés, leur disponibilité et la confiance qu'ils m'ont accordée tout au long de ces trois années.

Je remercie sincèrement Jean Cousin et Frédéric Risso, qui ont accepté d'être rapporteurs de ce travail, ainsi que Roland Borghi et Alain Cartellier pour avoir accepté d'évaluer ce travail de thèse et pour leur participation au jury. Je remercie également Jean-Jacques Lasserre pour l'aide précieuse qu'il m'a apporté pour la mise en place des bancs expérimentaux.

Cette thèse de doctorat a été réalisée à l'IRSTEA d'Aix-en-Provence, au sein du Laboratoire d'Essais et de Recherche sur le Matériel d'Irrigation, rattaché à l'UMR G-Eau. Je tiens à remercier Bruno Molle, responsable du laboratoire, de m'avoir accueilli dans son équipe. Mes remerciements vont également à tous les membres de l'équipe Irrigation pour leur gentillesse, leur disponibilité et leur bonne humeur : Jacques Granier, Mathieu Audouard, Pascal Di Maiolo, Annie Bordaz et Carole Isbérie. Je n'oublie pas non plus Julien Deborde, Souha Gamri, Jafar Almuhammad et Salim Bounoua, les anciens ou nouveaux thésards de l'équipe. Je souhaite remercier particulièrement Laurent Huet, pour l'aide qu'il m'a apportée durant les manips, et Julien Deborde, mon collègue de bureau, pour son soutien durant ces trois ans.

Je remercie le personnel de l'UMR ITAP, à l'IRSTEA de Montpellier, pour m'avoir accueilli chaleureusement pendant un mois au début de cette thèse. Un remerciement particulier s'adresse à Abdelhak Belhadef pour ses conseils concernant la modélisation, et à Cyril Tinet pour les mesures effectuées à l'IRSTEA de Montpellier avec le LDA.

Je souhaite remercier les informaticiens de l'IRSTEA d'Aix-en-Provence, Alain Gérard, Mathieu Lestrade et Etienne Blanc, que j'ai souvent mis à contribution. Un merci particulier à Etienne Blanc pour avoir sauvé mon disque de données et m'avoir appris les bienfaits des sauvegardes régulières.

Merci également à ma famille et à mes amis, qui ont suivi la thèse de loin mais qui étaient là pour me changer les idées. Et enfin, je tiens à remercier tout particulièrement celle qui m'a toujours soutenu, et aussi supporté, la plus merveilleuse des femmes, Anne, à qui je dédie cette thèse.

Bon courage aux suivants, et plus particulièrement à Francisco Felis, qui reprendra prochainement ce travail.

Résumé

Dans le contexte actuel, l'accroissement des tensions liées à l'utilisation de la ressource en eau impose une meilleure gestion de cette ressource pour la poursuite d'une croissance économique durable. Cette problématique liée à la ressource en eau s'inscrit également dans des préoccupations sociales et environnementales importantes. En Europe, l'irrigation par aspersion représente une large part de la consommation en eau. Or l'irrigation des champs par aspersion est parfois mal adaptée et engendre de fortes pertes, dues à l'évaporation ou à la dispersion due au vent. Ces apports nécessitent d'être optimisés, ce qui passe par une meilleure maîtrise de la taille et de la dispersion des gouttes produites durant l'aspersion. L'objectif principal de cette thèse est la caractérisation des gouttes produites pendant l'atomisation d'un jet d'eau utilisé en irrigation par aspersion et la modélisation de l'atomisation de ce jet.

Une technique d'ombroscopie est mise en place pour analyser le cœur liquide et pour caractériser la population de gouttes d'eau produites en terme de tailles et de vitesses moyennes et fluctuantes de la phase liquide. Une attention particulière a été portée sur la calibration de la technique et sur l'estimation des tailles de gouttes produites durant l'atomisation.

L'approche employée pour la modélisation de l'atomisation repose sur une description eulérienne de l'écoulement diphasique, où celui-ci est représenté comme un écoulement turbulent d'un seul fluide dont la masse volumique varie selon la composition du mélange diphasique, entre la masse volumique du gaz et celle du liquide. La dispersion du liquide dans son environnement gazeux est prise en compte par la résolution d'une équation de transport de la fraction massique moyenne du liquide. De plus, une équation de transport de la densité moyenne d'interface liquide/gaz permet de modéliser les phénomènes de fragmentation et de coalescence des gouttes et *in fine* d'estimer la taille des gouttes.

Mots clés :

Aspersion, atomisation, modélisation, ombroscopie, turbulence

Abstract

In the present context of increasing water scarcity, a better water use efficiency is essential to maintain a sustainable economical growth. Moreover, water use efficiency covers also important environmental and social issues. In Europe, spraying irrigation represents a large part of water consumption. However, spraying irrigation of farming parcels is not always well fitted and can lead to strong water losses by evaporation or wind drift. An optimization of this water supply is necessary, which requires a better control of droplets dynamics, with regard to droplets size and droplets dispersion during atomization. This thesis aims at characterizing the droplets produced during the atomization of a water jet used in spraying irrigation and at modeling the jet atomization.

A shadowgraphy method is carried out in order to analyse the liquid core and to estimate the droplets size in the spray. A droplet tracking algorithm is used to get the mean and fluctuating velocities of the liquid phase. Particular attention is focused on the technique calibration and on droplets sizing accuracy in the spray.

An Eulerian approach is used for atomization modeling. The turbulent two phase flow is described as a single phase flow with a variable mean density, which varies between gas density and liquid density according to the liquid mass fraction. The liquid dispersion in its gaseous environment is taken into account by resolving a transport equation for the liquid mass fraction. Moreover a transport equation for the mean liquid/gas interface density is considered to model droplets fragmentation and coalescence and finally get a mean size of liquid fragments.

Keywords :

Atomization, modeling, shadowgraphy, spraying, turbulence

Nomenclature

Δv_{coll}	Vitesse caractéristique de collision	$[m \cdot s^{-1}]$
ϵ	Taux de dissipation de l'énergie cinétique turbulente	$[m^2 \cdot s^{-3}]$
κ	Nombre d'onde	$[m^{-1}]$
μ	Viscosité dynamique	$[kg \cdot m^{-1} \cdot s^{-1}]$
μ_t	Viscosité turbulente	$[kg \cdot m^{-1} \cdot s^{-1}]$
ν	Viscosité cinématique	$[m^2 \cdot s^{-1}]$
ρ	Masse volumique	$[kg \cdot m^{-3}]$
Σ	Densité volumique d'interface	$[m^{-1}]$
σ	Coefficient de tension de surface	$[N \cdot m^{-1}]$
τ	Fraction volumique du liquide, ou taux de présence liquide	$[-]$
τ_R	Temps de relaxation d'une goutte	$[s]$
τ_t	Temps de retournement des gros tourbillons	$[s]$
τ_{ij}	Composante du tenseur des contraintes visqueuses	$[kg \cdot m^{-1} \cdot s^{-2}]$

Alphabet latin ———————————————————————

$\overline{Y}$	Fraction volumique, ou concentration volumique, liquide	$[-]$
$\widetilde{Y}$	Fraction massique de liquide	$[-]$
A	Terme de production macroscopique de $\overline{\Sigma}$	$[s^{-1}]$
a	Terme de production microscopique de $\overline{\Sigma}$	$[s^{-1}]$
a_{coll}	Terme de production microscopique de $\overline{\Sigma}$ lié aux collisions	$[s^{-1}]$
a_{turb}	Terme de production microscopique de $\overline{\Sigma}$ lié à la turbulence	$[s^{-1}]$
C	Contraste	$[-]$
C_D	Coefficient de traînée	$[-]$
C_d	Coefficient de décharge	
D_A	Diamètre équivalent basé sur l'aire projetée d'une goutte	$[-]$
D_V	Diamètre équivalent basé sur le volume d'une goutte	$[-]$

d_{32} Diamètre Moyen de Sauter (*SMD*) $[m]$

d_{32} Diamètre moyen en surface $[m]$

D_{masque} Diamètre du masque appliqué sur les images $[-]$

F_U Coefficient d'aplatissement (*Flatness*) de la composante horizontale de vitesse $[-]$

F_W Coefficient d'aplatissement (*Flatness*) de la composante verticale de vitesse $[-]$

g Accélération gravitationnelle $[m \cdot s^{-2}]$

G_{max} Gradient maximum de niveaux de gris sur le bord d'un objet $[m^{-1}]$

I_t Intensité turbulente $[-]$

i_{min}, i_{max} Niveaux de gris minimum et maximum $[-]$

k Énergie cinétique turbulente $[m^2 \cdot s^{-2}]$

l Niveau de gris relatif $[-]$

l_{coll} Longueur caractéristique de collision $[m]$

l_t Échelle intégrale de la turbulence $[m]$

n Nombre de gouttes par unité de volume $[m^{-3}]$

Oh Nombre d'Ohnesorge $[-]$

p Pression $[Pa]$

R Variable de modélisation construite comme $R = \bar{\rho}\widetilde{Y}/\overline{\Sigma}$ $[kg \cdot m^{-2}]$

r Coordonnée radiale $[m]$

$r_{1/2}$ Demi-largeur du jet $r_{1/2}$, définie telle que $U(r = r_{1/2}) = U_{r=0}/2$

r_{32eq} Rayon moyen d'équilibre des gouttes $[m]$

r_{32f} Rayon des gouttes générées par fractionnement après collision $[m]$

r_{32i} Rayon des gouttes avant collision $[m]$

Re Nombre de Reynolds $[-]$

S_U Coefficient de dissymétrie (*Skewness*) de la composante horizontale de vitesse $[-]$

S_W Coefficient de dissymétrie (*Skewness*) de la composante verticale de vitesse $[-]$

Sc Nombre de Schmidt $[-]$

St Nombre de Stokes $[-]$

U Vitesse horizontale $[m \cdot s^{-1}]$

u Vitesse axiale $[m \cdot s^{-1}]$

v Vitesse radiale $[m \cdot s^{-1}]$

V_D Vitesse de dérive $[m \cdot s^{-1}]$

W Vitesse verticale $[m \cdot s^{-1}]$

We Nombre de Weber $[-]$

x Coordonnée axiale $[m]$

Y Fonction indicatrice de phase $[-]$

Z Coordonnée verticale dans un repère absolu cartésien ayant pour origine la sortie de
buse $[-]$

z Coordonnée verticale centrée sur l'axe du jet $[m]$

Indices

g Gaz

l Liquide

t Turbulent

Symboles et opérateurs

$'$ Fluctuation turbulente au sens de Reynolds

$''$ Fluctuation turbulente au sens de Favre

$-$ Moyenne de Reynolds

∂ Opérateur dérivée partielle

$\sim$ Moyenne de Favre

Abréviations

DVM Profondeur du volume de mesure (*Depth of Volume of Veasurement*) $[m]$

MMD Diamètre Médian en Masse (*Mass Median Diameter*) $[m]$

VM Volume de mesure $[m^3]$

DTV   Vélocimétrie par suivi de gouttelettes *(Droplet Tracking Velocimetry)*

LDA   Anémométrie Doppler Laser *(Laser Doppler Anemometry)*

Table des matières

Introduction

L'irrigation par aspersion consiste à fragmenter un jet d'eau durant son parcours dans l'atmosphère. L'apport d'eau au niveau de la parcelle agricole est alors constitué des gouttes d'eau produites par le processus d'atomisation. Cependant, cette technique peut conduire à une forte hétérogénéité des apports au niveau du sol. De plus, une partie du volume d'eau est perdue et n'atteint pas la parcelle, d'une part à cause d'effets de dérive liés au vent et d'autre part à cause de l'évaporation. Ces pertes d'eau induisent une perte de productivité et peuvent avoir des impacts environnementaux importants et notamment conduire à une dégradation du sol, voire des plantes, et à une surexploitation de la ressource en eau. Dans le contexte socio-économique actuel, il est primordial d'optimiser ces apports, ce qui passe par une meilleure caractérisation des processus d'atomisation. Les travaux présentés durant cette thèse visent à améliorer la compréhension et à contribuer à la modélisation des mécanismes d'atomisation intervenant dans ces jets d'irrigation.

Ce manuscrit est divisé en quatre parties.

La première partie est dédiée à la présentation du contexte général dans lequel s'inscrit cette étude. Un premier chapitre introductif met en relief les enjeux liés à l'irrigation d'abord de manière globale, puis plus spécifiquement ayant trait à l'irrigation par aspersion. Ensuite, un second chapitre, de synthèse bibliographique, porte sur la phénoménologie des sprays. Les nombres adimensionnels caractéristiques et les différents régimes de fragmentation sont d'abord introduits, puis est décrite l'influence de différents paramètres ou mécanismes sur la fragmentation et l'atomisation du liquide.

La seconde partie comprend, dans un premier chapitre, une présentation du dispositif expérimental d'imagerie mis en œuvre durant cette étude. Celui-ci permet d'une part de visualiser l'écoulement et d'autre part d'estimer les tailles et les vitesses des gouttes présentes dans le spray. Afin d'obtenir des estimations de tailles statistiquement correctes, cette technique de mesure nécessite une calibration, qui est présentée dans le second chapitre. La calibration permet d'améliorer l'estimation des tailles de gouttes floues se trouvant dans les images et également d'estimer les tailles des volumes de mesure. Enfin, la technique employée pour la détection des gouttes est détaillée dans un dernier chapitre.

Dans la troisième partie est décrit le modèle Eulérien employée durant cette thèse pour modéliser l'atomisation du jet. Le premier chapitre offre une description globale du modèle et des équations de transport permettant de décrire la dispersion du liquide. La modélisation de la taille des fragments liquides est exposée dans un second chapitre. Le modèle fait intervenir une équation de transport de la fraction massique liquide. Dans cette équation apparaît un terme de flux turbulent des fluctuations de la fraction massique du liquide, qui nécessite d'être fermé. La fermeture de ce terme est examiné dans un troisième chapitre. Enfin, le dernier chapitre de cette partie traite des aspects numériques, notamment de l'implémentation du modèle dans les codes de calcul *ANSYS Fluent* et *GENMIX*, mais également des problématiques liées à l'indépendance des résultats vis-à-vis du niveau de raffinement du maillage.

La quatrième partie porte sur l'ensemble des résultats obtenus, d'une part expérimentalement à l'aide de la technique d'imagerie présentée dans la seconde partie du manuscrit, et d'autre part numériquement grâce au modèle présenté dans la troisième partie. Dans un premier chapitre sont ainsi présentés les résultats expérimentaux de vélocimétrie, puis de granulométrie, obtenus dans le spray. Ces résultats expérimentaux, obtenus sur la phase liquide, sont ensuite comparés aux résultats de modélisation dans un second chapitre.

Ce manuscrit s'achève par une conclusion générale sur les résultats expérimentaux et de modélisation, puis par une présentation de plusieurs perspectives de travail.

Première partie

Contexte

Chapitre 1

Présentation générale

1.1 Enjeux liés à l'irrigation

1.1.1 Consommation d'eau dans le monde

Au niveau mondial, la consommation moyenne en eau domestique est estimée à 40 litres d'eau par jour et par habitant. Ces valeurs sont en fait assez hétérogènes puisqu'en moyenne un malgache ne consomme que 10 litres d'eau pour une utilisation domestique, contre 600 litres pour un citoyen américain. Néanmoins, dans tous les cas, ces consommations sont moindres comparées à la quantité d'eau nécessaire à l'approvisionnement alimentaire : en effet, une personne a en moyenne besoin de 3000 litres d'eau par jour pour se nourrir (FAO 2003). La majeure partie de l'eau consommée dans le monde est ainsi dédiée à l'agriculture.

L'irrigation permettant d'obtenir des rendements plus de deux fois supérieurs à ceux obtenus par l'agriculture pluviale, celle-ci s'est largement développée depuis les années 1960 pour accroître la productivité agricole (FIG. I.1.1). Aujourd'hui l'irrigation représente près de 70% des prélèvements en eau, 20% des terres agricoles sont irriguées et produisent près de 40% de l'approvisionnement alimentaire.

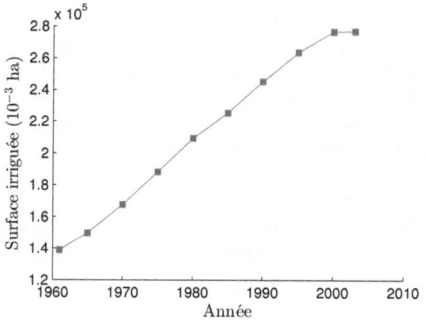

FIGURE I.1.1: Évolution de la surface irriguée au niveau mondial

En France, l'irrigation représente environ 50% de la consommation en eau (FIG. I.1.2). En période estivale, cette consommation peut atteindre 80% dans certaines régions et éventuellement conduire à des restrictions entre les différents secteurs d'utilisation (agricoles, industriels et domestiques).

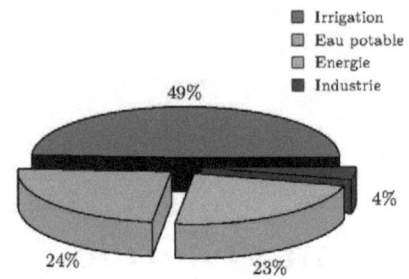

FIGURE I.1.2: Consommation d'eau en France (par usage)
- source : Agence de l'Eau - 2008

1.1.2 Évolution de la ressource en eau

Au rythme de l'accroissement de la population mondiale (8,5 milliards en 2025 selon l'ONU) et de l'évolution de la consommation, de nombreux spécialistes prévoient une forte augmentation de la demande en eau à l'horizon 2025. Or cette augmentation se situe dans un contexte de diminution de la ressource en eau, due notamment à une surexploitation des nappes phréatiques, à la pollution et à une mauvaise gestion des ressources.

Les difficultés d'approvisionnement, mais aussi l'évolution du climat, risquent d'augmenter le stress hydrique dans de nombreuses régions. Selon l'ONU, la part de population mondiale vivant dans de telles zones augmentera de 35% d'ici 2025, soit d'environ 2,8 milliards de personnes, ce qui laisse présager l'apparition de conflits pour la ressource en eau.

1.1.3 Techniques d'irrigation

Une réponse à la diminution de la ressource en eau est de réduire la consommation d'eau par une meilleure gestion de la ressource et de meilleures pratiques dans son exploitation, mais également en adoptant des techniques plus performantes quant à l'utilisation de la ressource. En ce qui concerne l'irrigation, ceci passera par une meilleure maîtrise des usages, l'amélioration de la performance des matériels d'irrigation et la recherche de ressources alternatives, telle que la réutilisation des eaux usées.

Les systèmes d'irrigation peuvent être classés en deux grandes catégories : l'irrigation gravitaire et l'irrigation sous pression, qui regroupe l'irrigation par aspersion et l'irrigation en goutte à goutte (FIG. I.1.3). Si dans le monde l'irrigation gravitaire est la plus répandue (environ 80%), en Europe et dans les pays développés ou émergents c'est l'irrigation par aspersion qui est majoritaire. En France, l'irrigation par aspersion est pratiquée sur environ 90% des surfaces irriguées (FIG. I.1.3), contre 20% au niveau mondial.

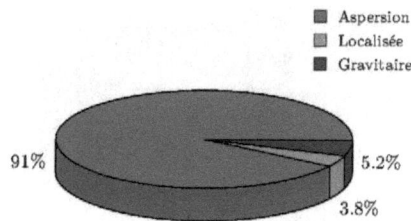

FIGURE I.1.3: Les systèmes d'irrigation en France (par surface irriguée)
- source : IRSTEA - 2005

a/ Irrigation gravitaire

Cette technique d'irrigation est la plus ancienne. Elle consiste à utiliser un réseau de canaux à ciel ouvert et légèrement en pentes (FIG. I.1.4). L'eau est alors distribuée par gravité à de nombreuses rigoles d'arrosage à partir desquelles l'eau s'infiltre. L'eau en excédent est éventuellement évacuée par un réseau de fossés collecteurs en bas de parcelles. Ce système possède l'avantage d'être rudimentaire et d'être très économe en énergie. Cependant, il est très consommateur en eau : l'eau s'infiltre très rapidement dans le sol et les pertes par percolation sont importantes. L'efficience maximale atteinte avec ce système est de l'ordre de 60%.

FIGURE I.1.4: Irrigation gravitaire

b/ Irrigation en goutte à goutte

Ce système, également appelé micro-irrigation ou encore irrigation localisée, consiste à apporter directement sous chaque plant un apport d'eau régulier et en faible quantité, en goutte à goutte (FIG. I.1.5). Ce système, très précis, est le système d'irrigation le plus performant, avec des pertes en eau quasiment nulles. De plus, ce système permet de doser parfaitement la quantité d'eau apportée aux racines. Cependant ces installations, souvent coûteuses, sont plutôt utilisées sur des cultures maraîchères et sont assez peu adaptées aux cultures céréalières. Enfin, l'inconvénient majeur de ce mode est le colmatage des goutteurs, qui annihile tous les avantages cités précédemment.

FIGURE I.1.5: Irrigation en goutte à goutte

c/ Irrigation par aspersion

L'eau est amenée sous pression jusqu'à des asperseurs rotatifs, qui permettent de répandre l'eau au niveau de la parcelle (FIG. I.1.6). Différentes configurations existent afin d'apporter une bonne couverture de la parcelle à irriguer, parmi les plus répandues on peut citer les systèmes d'enrouleurs, de rampes frontales ou pivotantes et enfin de couverture intégrale.

Dans la plupart des cas, l'eau se trouve sous la forme d'un jet plus ou moins dense en sortie de buse. Le jet d'eau se fragmente alors au fur et à mesure de son évolution dans l'atmosphère. Au niveau du sol, le jet doit être atomisé et l'eau atteindre le sol sous forme de gouttes. Ce type d'irrigation est celui se rapprochant le plus de l'irrigation pluviale et permet d'obtenir une efficience bien supérieure à celle de l'irrigation gravitaire (de 85% à 100%).

FIGURE I.1.6: Irrigation par aspersion

1.2 Optimisation de l'irrigation par aspersion

1.2.1 Uniformité de l'apport d'eau

Contrairement à la pluie naturelle, l'apport d'eau obtenu par aspersion n'est pas toujours homogène au niveau de la parcelle. Les irrigants appliquent souvent un excédent d'eau afin de garantir un apport minimum sur l'ensemble de la zone à irriguer. Cet excédent représente une nette perte d'eau et peut contribuer à l'appauvrissement du sol et à la pollution des eaux de surface par ruissellement (nitrates, phosphores, pesticides), et des nappes par percolation sous la zone racinaire (sels solubles, nitrates, produits phytosanitaires).

1.2.2 Pertes par dérive et évaporation

Pour les systèmes d'irrigation par aspersion, les pertes par dérive et évaporation représentent la majeure partie des pertes en eau [100]. Les pertes par dérive concernent les plus petites gouttes du spray, qui peuvent sous l'action du vent être amenées en dehors de la zone d'application. Le vent peut également diminuer la portée de l'asperseur et augmenter l'hétérogénéité de l'application. Dans la pratique, afin de limiter les pertes par dérive, il est déconseillé d'irriguer par aspersion pour des vitesses de vent supérieure à $4m/s$.

1.2.3 Réutilisation des eaux usées

Afin d'économiser la ressource en eau, de nombreux pays optent pour la réutilisation des eaux usées traitées (REUT) pour l'irrigation des cultures et l'arrosage des espaces verts. Ces eaux sont chargées en sels minéraux, et éventuellement en pathogènes ou en polluants. La maîtrise de leur distribution (dans l'espace et dans le temps) est donc le facteur primordial à maîtriser pour avoir un système de production durable.

Chapitre 2

Etat de l'art

2.1 Physique des sprays

La fragmentation d'un liquide se produit lorsque, sous l'action de différents phénomènes physiques, celui-ci passe d'un volume continu à un ensemble formé de paquets d'eau plus ou moins denses et de gouttes. On distingue habituellement deux étapes dans le processus de fragmentation : la fragmentation primaire et la fragmentation secondaire.

Lors de la fragmentation primaire, des fragments liquides sphériques et non sphériques se détachent de la surface du jet. Celui-ci se présente sous la forme d'un cœur liquide, c'est-à-dire d'un volume de liquide continu, d'une certaine longueur, qui sera fragmenté et atomisé en aval de l'écoulement. Ces fragments vont ensuite se réarranger, augmenter leur taille (coalescence) ou la diminuer (collisions, évaporation) pendant la fragmentation secondaire. Tout au long de la fragmentation se déroule un échange de quantité de mouvement entre les deux phases puisque le jet et les gouttes produites par l'atomisation vont entraîner l'air initialement au repos et générer de la turbulence au sein de la phase gazeuse et, en même temps, cette turbulence du gaz pourra interagir avec la dispersion des gouttes, de façon plus ou moins importantes selon l'inertie de celles-ci.

2.1.1 Fragmentation primaire

a/ Régimes de fractionnement

De nombreux paramètres peuvent agir sur la fragmentation primaire, comme la vitesse d'éjection, la viscosité, la tension de surface. L'importance de chaque mécanisme est mise en relief par les nombres adimensionnels de Reynolds (Re), de Weber (We) et d'Ohnesorge (Oh). Ceux-ci représentent respectivement le rapport des forces d'inertie sur les forces visqueuses, le rapport des forces d'inertie et les forces de tension de surface et le rapport entre les forces de viscosité et les forces de tensions superficielles. Ils se construisent respectivement comme :

$$Re = \frac{UL}{\nu} \tag{I.2.1}$$

$$We = \frac{\rho U^2 L}{\sigma} \tag{I.2.2}$$

$$Oh = \frac{\mu_l}{\sqrt{\sigma \rho_l L}} \tag{I.2.3}$$

où L est une longueur caractéristique, ρ est la masse volumique, U est une échelle de vitesse, ν est la viscosité cinématique et σ la tension de surface. Les indices l et g désignent respectivement la phase liquide et gazeuse.

Selon les auteurs, ces nombres peuvent être construits par rapport à la phase gazeuse ou à la phase liquide. Par exemple, il est possible de définir un nombre de Reynolds gazeux et un nombre de Weber gazeux d'une goutte de diamètre d :

$$Re_g = \frac{\rho_g \, |U_l - U_g| \, d}{\mu_g} \tag{I.2.4}$$

$$We_g = \frac{\rho_g (U_l - U_g)^2 d}{\sigma} \tag{I.2.5}$$

Expérimentalement, on distingue différents régimes au fur et à mesure que la vitesse débitante du liquide croît (FIG. I.2.1) :

– à très faible vitesse, les gouttes se forment directement à la sortie de la buse et il n'y a pas de colonne liquide continue. On parle de régime de goutte à goutte (portion A).
– pour de faibles vitesses, le jet se fragmente à une distance importante de la buse, et produit des gouttes dont le diamètre vaut approximativement deux fois le diamètre de la buse. Il s'agit du régime de Rayleigh (portion B).
– lorsque la vitesse de sortie augmente, les effets aérodynamiques deviennent plus importants et la fragmentation se produit plus près de la buse. La distribution granulométrique est plus étendue que celle en régime de Rayleigh, avec la formation de gouttes beaucoup plus petites que le diamètre de buse. Ce régime est appelé « wind induced breakup » (portions C et D).
– pour de fortes vitesses d'éjection, des gouttes très fines sont formées dès la sortie de la buse. C'est le régime d'atomisation (portion E). Nous appellerons par la suite atomisation primaire et secondaire la fragmentation primaire et secondaire dans le régime d'atomisation.

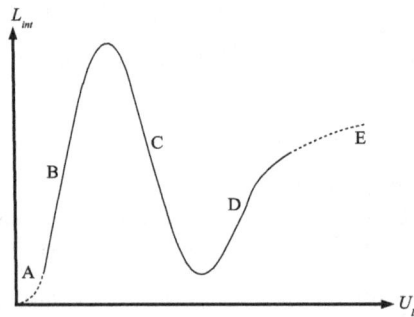

FIGURE I.2.1: Courbe de stabilité : longueur du cœur liquide L_{int} du jet en fonction de sa vitesse d'éjection U_L

Les différents régimes de fractionnement primaire décrits ci-dessus sont caractérisés par une longueur de surface intacte de jet, ou longueur de rupture, qui correspond à une partie continue, ou ininterrompue, du jet liquide. Selon les auteurs la définition de cette longueur peut varier. Par exemple, pour Eroglu et al. [24], celle-ci est définie comme la longueur du jet hydrauliquement reliée à l'orifice d'injection. Cependant, cette définition peut rendre délicate la détermination expérimentale de cette longueur, c'est pourquoi d'autres auteurs définissent celle-ci à partir d'un seuil sur la concentration volumique liquide, ou encore comme la distance à la buse où la première goutte se détache du cœur liquide. Cette variété de définitions expliquent en partie la différence des résultats expérimentaux, qui ne sont en fait pas relatifs à la même chose. Ces régimes de fractionnement peuvent être classifiés selon les nombres adimensionnels présentés précédemment. Par exemple, Faeth [26] propose de classifier les régimes de fractionnement en fonction des nombres d'Ohnesorge et de Weber gazeux (FIG. I.2.2). On peut également noter la classification de Reitz [69], qui tient compte du rapport des masses volumiques (FIG. I.2.2).

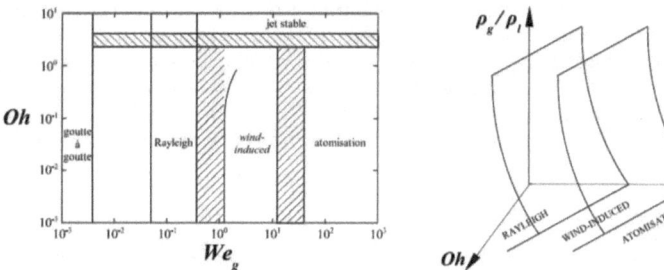

FIGURE I.2.2: Gauche : Classification des régimes de fractionnement en fonction de We_g et Oh proposée par Faeth [26] - Droite : limites qualitatives de Reitz [69] en fonction de Re_l, Oh et ρ_l/ρ_g

Dans le cas de l'irrigation par aspersion, les vitesses sont importantes (de l'ordre de 20 à 30 m/s) et le régime de fractionnement du jet est celui de l'atomisation : on observe la formation de gouttelettes et de ligaments liquides quasiment dès la sortie de buse.

b/ Les phénomènes physiques influençant l'atomisation primaire

De nombreux auteurs se sont intéressés aux mécanismes responsables de l'atomisation de jets liquides à fort nombre de Weber. Cependant, la plupart des études réalisées portent sur des systèmes d'injection Diesel, pour lesquels le diamètre de l'orifice de sortie est petit, de l'ordre de 100 μm et la vitesse du liquide est grande, avec des vitesses pouvant atteindre quelques centaines de mètre par seconde [23]. Selon les auteurs, différents mécanismes peuvent être envisagés afin d'expliquer l'atomisation du liquide. Parmi ceux-ci on peut citer, de manière non exhaustive, les effets aérodynamiques, la turbulence du liquide, la cavitation, les conditions d'éjection (notamment les fluctuations de pression) et le réarrangement du profil de vitesse. De manière générale, en ce qui concerne les injecteurs Diesel, l'atomisation du liquide ne semble pas résulter d'un seul mécanisme physique simple mais de la combinaison des différents phénomènes, couplés entre eux [70].

Effets aérodynamiques

Les effets aérodynamiques provenant du cisaillement de la surface du jet avec l'air peuvent conduire au développement d'instabilités de type Kelvin-Helmoltz. Les ondes à la surface du jet peuvent alors, en s'amplifiant, contribuer à la fragmentation du jet ou favoriser la formation de ligaments puis de gouttes. Pour des jets turbulents lourds, avec un rapport de masses volumiques supérieur à 500 ($\rho_l/\rho_g > 500$), cette affirmation peut toutefois être tempérée puisqu'un certain nombre d'auteurs [98; 97] ont constaté que les effets aérodynamiques étaient alors négligeables concernant l'atomisation primaire. Dans ce cas, la formation des gouttes en début de jet serait plutôt liée à la turbulence du liquide. Cependant, au fur et à mesure de la déformation du cœur liquide par la turbulence, c'est-à-dire un peu plus en aval de l'écoulement, l'influence des effets aérodynamiques croît progressivement jusqu'à devenir prédominante : on observe alors des mécanismes de fragmentation secondaire [75].

Turbulence de la phase liquide

De nombreuses études concluent que l'atomisation dépend de la turbulence du liquide générée dans l'injecteur. Cette turbulence sera influencée par la géométrie interne du système d'injection. Parmi ces études, Stahl *et al.* [84] ont mis en évidence sur des injecteurs expérimentaux que les caractéristiques du spray changeait radicalement selon la turbulence du liquide dans l'injecteur. Notamment, Stahl *et al.* [84] observent que pour un même injecteur et un même nombre de Reynolds en sortie, l'angle du spray augmente avec le niveau de turbulence dans la buse.

La cavitation

Dès 1959, Bergwerk [10] constate que la cavitation, c'est-à-dire la formation de poches gazeuses à l'intérieur des systèmes d'injection, influence fortement l'aspect des jets issus d'injecteurs Diesel. Une étude bibliographique très complète est reportée par [22]. Celui-ci estime qu'il s'agit d'un phénomène prépondérant vis-à-vis de la fragmentation du liquide observée dans les jets Diesel. La cavitation résulte d'une vaporisation partielle du liquide, celle-ci est observée lorsque la pression du liquide chute sous la pression de vapeur saturante de celui-ci, ce qui correspond généralement à de grandes vitesses d'écoulement. Par exemple, la présence d'un coude ou d'un rétrécissement peut engendrer des contraintes excessives sur l'écoulement et provoquer un décollement de la couche limite et la création d'une zone de recirculation. Si, dans cette zone de recirculation, la dépression devient localement inférieure à la pression de vapeur saturante du liquide, le liquide est vaporisé et des poches gazeuses apparaissent. Saliba [74] propose une visualisation de ce phénomène à l'aide d'injecteurs transparents.

Tchiftchibachian *et al.* [87] suggèrent également que des poches gazeuses se forment par dégazage dans le cas des injecteurs utilisés en irrigation. En effet, dans ce cas, le liquide utilisé est de l'eau, qui est saturée en oxygène (de l'ordre de 10mg/l à 20 °C) et en azote. Des bulles sont alors formées lors de la détente du liquide.

Fluctuations de pression

Selon Wu *et al.* [96], la désintégration du jet ne résulte pas uniquement des phénomènes de cavitation. Ces auteurs constatent également des fluctuations de pression à l'intérieur du liquide. Ces fluctuations de pressions affectent l'interface du cœur liquide en provoquant une succession de contractions et de renflements de celle-ci en aval de l'orifice d'injection. Cependant, les fréquences de ces modulations de pression sont faibles et celles-ci n'ont une importance notoire que pendant la phase stationnaire de l'injection.

Ce phénomène est illustré par les visualisations de Chaves *et al.* [12], représentées FIG. I.2.3. Le spray est injecté dans un milieu gazeux à pression atmosphérique. La vitesse de sortie du liquide est d'environ $300m/s$ et $30\mu s$ séparent l'image (1) de l'image (10).

Chaves *et al.* [12] imposent une fluctuation de la pression d'alimentation en entrée. Cette fluctuation crée une structure cavitante à l'intérieur du système d'injection, visible sur l'image (1) en blanc, puis un renflement du jet plus en aval. Le profil de vitesse est influencé par le lâcher de cette poche cavitante en sortie d'injecteur. Cependant, selon Chaves *et al.* [12], ce type

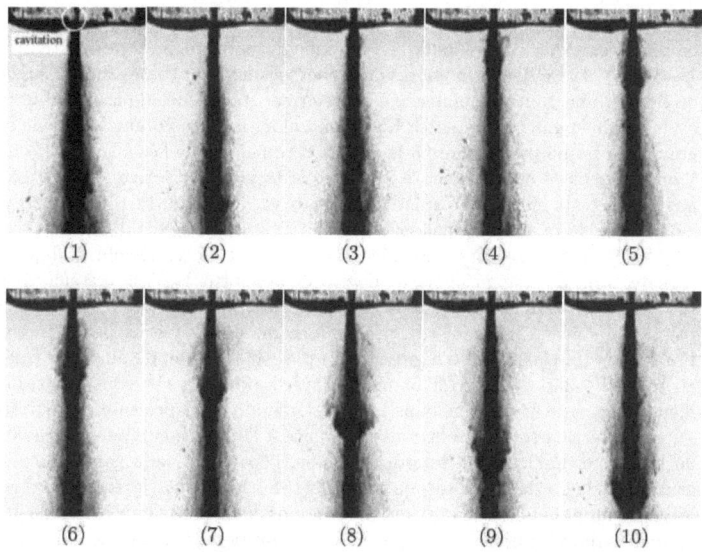

FIGURE I.2.3: Visualisations expérimentales de Chaves *et al.* (1999)

de structure peut être observé même en l'absence de cavitation dans le système d'injection, et provient plus vraisemblablement des modulations de pression d'alimentation de l'injecteur.

Cas des jets larges et lourds

Comme annoncé précédemment, dans le cas où le rapport de masses volumiques entre le liquide et le gaz est suffisamment grand $(\rho_l/\rho_g > 500)$, Wu *et al.* [98] ont montré que les forces aérodynamiques avaient une influence moindre sur l'atomisation primaire. Dans ce cas, Wu *et al.* [98] et Sallam *et al.* [76] observent que la direction des ligaments, présents à la surface du cœur liquide, n'est pas corrélée à la vitesse relative du gaz environnant mais résultent davantage des mouvements turbulents dans le liquide. Cependant, plus en aval de l'écoulement, le jet se déforme sous l'effet des grandes échelles de la turbulence (Hoyt et Taylor [37] ; Sallam *et al.* [75]). L'amplitude de ces déformations est ensuite amplifiée par les effets aérodynamiques qui conduisent à la fragmentation de la colonne liquide. Celle-ci sera ensuite atomisée par des mécanismes d'atomisation secondaires : on observe alors des formations de membranes liquides ou une atomisation par cisaillement. Pour une vue d'ensemble des précédents travaux expérimentaux, il convient de se référer à Dumouchel [23].

2.1.2 Fragmentation secondaire

a/ Brisure due aux forces aérodynamiques

Sous l'effet des forces aérodynamiques, les gouttes vont se déformer, puis se fragmenter. Différents régimes de fractionnements peuvent être identifiés. Ces régimes sont habituellement classés en fonction du nombre de Weber gazeux de la goutte [66] bien que d'autres classifications plus complexes existent. Liu et Reitz [57] identifient quatre régimes principaux :

- $1 \leq We_g \leq 12$: Pour des nombres de Weber gazeux We_g (basés sur le diamètre) de l'ordre de l'unité, une goutte commence à se déformer sous l'effet de la distribution de pression exercée par le gaz environnant. Elle prend alors la forme d'une ellipsoïde aplatie dont le grand axe est perpendiculaire à la direction principale de l'écoulement. Pour des nombres Weber gazeux We_g inférieurs à 12, lorsque la vitesse relative entre la goutte et le gaz augmente, cette ellipsoïde s'aplatit davantage et se déforme de plus en plus vers une forme cylindrique de très faible épaisseur.

- $12 \leq We_g \leq 80$: « bag breakup ». La goutte s'aplatit et une membrane liquide fine se forme près du point de stagnation sur le devant de la goutte, là où la pression dynamique est la plus forte. Cette membrane, attachée à une couronne de liquide plus massive, est étirée par l'écoulement gazeux et se brise en formant de nombreux petits fragments liquides. Finalement, la couronne se désintègre un peu plus tard en de plus gros fragments.

- $80 \leq We_g \leq 350$: « shear or boundary layer stripping ». Lorsque la vitesse relative augmente, la goutte se déforme dans la direction opposée et présente une surface convexe qui s'étend latéralement. Cette extension est liée à l'apparition d'une dépression à l'équateur de la goutte. Par conservation de la masse, l'épaisseur de la goutte aplanie diminue du centre vers le bord. Ces bords, qui possèdent une faible inertie, sont alors étirés par l'écoulement d'air et la brisure intervient à l'équateur de la goutte en formant de fins filaments ou ligaments qui se fragmenteront par la suite pour donner naissance à de fines gouttelettes.

- $We_g > 350$: « catastrophic breakup ». Quand la vitesse relative augmente davantage, la déformation de la goutte est semblable à celle observée pour le régime « shear or boundary layer stripping ». Cependant, les pressions à sa surface sont alors plus élevées et provoquent une déformation plus importante. Liu et Reitz [57] observent l'apparition d'ondes à la surface des gouttes et suggèrent qu'il s'agit probablement d'ondes de capillarité [32]. Cependant, ces ondes pourraient également être dues à des instabilités de type Rayleigh-Taylor [40]. La fragmentation de la goutte résulterait ainsi de l'accroissement de ces ondes de surface, combiné à la déformation de la goutte.

b/ Brisure due à la turbulence

Un autre mécanisme de fragmentation faisant intervenir la turbulence dans la phase gazeuse a été proposé par Kolmogorov [49]. A la différence de la brisure par cisaillement, il fait intervenir l'énergie cinétique turbulente comme quantité déstabilisatrice. En effet, pour des écoulements pleinement turbulents, les échelles de dissipation sont inférieures à la taille des gouttes et peuvent alors les étirer voire les fragmenter [4] jusqu'à ce que, en moyenne, ce cisaillement soit équilibré par les forces de tension superficielle [5].

c/ Collision de gouttes : rebond, coalescence, séparation et fragmentation

Les processus de collision sont analysés par Qian et Law [68] : coalescence après faible déformation, rebond, coalescence après forte déformation, coalescence puis séparation avec ou sans génération de gouttes satellites. Les limites entre les régimes de collisions dépendent de trois nombres adimensionnels, qui sont le nombre de Weber liquide We_l, le nombre de Reynolds gazeux Re_g et facteur d'impact B (qui dépend du rapport des diamètres des deux gouttes en collision et de l'angle d'impact). Une cartographie des régimes de collision pour des gouttes d'eau dans l'atmosphère est représentée FIG. I.2.4. Lorsque le nombre de Weber We_L est faible, deux gouttes entrant en collision coalescent (régime (I)). Pour des nombres de Weber We_L plus important, deux gouttes entrant en collision coalescent, se déforment puis se séparent en donnant le plus souvent naissance à de petites gouttes satellites. Cette séparation est favorisée lorsque les gouttes entrent en collision de front (le paramètre d'impact B est alors très faible) ou de manière rasante (grand paramètre d'impact B), ce qui correspond respectivement aux régimes (II) et (III).

A fort nombre de Weber, lors des collisions, les gouttes se déforment temporairement ce qui provoque une faible perte d'énergie [45]. Qian et Law [68] mettent en évidence que la génération de gouttes satellites est liée à l'étirement de la goutte et non pas aux instabilités d'ondes capillaires. Ce résultat est soutenu par les simulations de Stone et Leal [85] qui montrent que ces instabilités ne sont efficaces que pour des ratios d'étirement très forts, ce qui n'est pas observé dans le processus de collision. De plus, ces ondes peuvent être étouffées par les effets visqueux [27]. Cependant, sans exclure l'importance des forces de Van der Walls dans les processus d'accroches [14], Aarts et Lekkerkerker [1] montrent que la rupture du film faisant suite à la phase de drainage dans le processus de coalescence, est liée à des ondes capillaires. Qian et Law [68] établissent que lors de la phase de drainage, le fluide compris entre les gouttes a un nombre de Reynolds proche de l'unité, et que donc tant les forces d'inertie que de viscosité doivent être prises en compte dans les simulations.

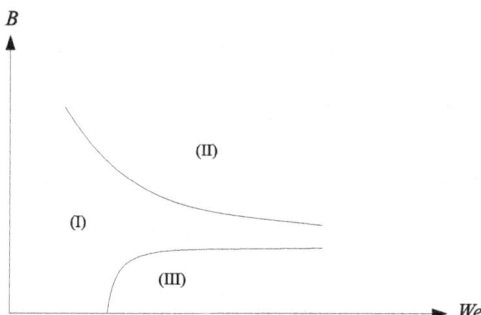

FIGURE I.2.4: Cartographie des régimes de collisions en fonction du nombre de Weber We et du paramètre d'impact B, J.Qian et Law [68]

d/ Effet de regroupement

Parallèlement, la structure turbulente de l'écoulement peut favoriser le regroupement de particules dans certaines zones. La formation de ces amas est reliée aux échelles visqueuses du fluide ([2], [71]). Ces amas sont des régions de forte concentration où la vorticité est faible et la pression haute [94]. Au fur et à mesure qu'ils croissent, ils interagissent avec le fluide environnant de manière groupée, tant du point de vue de la vitesse de sédimentation qui augmente [2] que du taux d'évaporation qui diminue [71], jusqu'à rencontrer une structure turbulente plus énergétique qui les désagrège ou jusqu'à ce que les gouttes soient totalement évaporées.

2.2 Distributions granulométriques

2.2.1 Distribution en tailles

L'atomisation d'un jet liquide peut conduire à des diamètres de gouttes très variés et le spray obtenu est généralement très polydispersé. La description des tailles de gouttes présentes dans le spray revêt une importance particulière dans la mesure où la dynamique de ces gouttes, leur dispersion et leur interaction avec le gaz environnant, sont généralement conditionnées par leur taille. Afin de représenter la répartition expérimentale des tailles de gouttes, des fonctions de densité de probabilité (pdf) sont couramment utilisées. La plupart d'entre elles sont issues de développement théoriques sur les processus de fragmentation de solides [92]. Ces fonctions de distributions de taille peuvent être exprimées en nombre $P_N(D)$, en surface $P_S(D)$, ou en volume $P_V(D)$ et le choix de telle ou telle représentation relève le plus souvent de contraintes liées aux techniques expérimentales ou à la modélisation employée. En supposant les gouttes sphériques, il est possible de passer d'une représentation à l'autre par l'équation Eq. (I.2.6), où les termes présents au dénominateur permettent de garantir que $\int_0^\infty P_V(D)dD = 1$.

$$P_V(D) = D\frac{P_S(D)}{\int_0^\infty DP_S(D)dD} = D^3\frac{P_N(D)}{\int_0^\infty D^3 P_N(D)dD} \qquad \text{(I.2.6)}$$

Parmi les fonctions de distributions couramment employées pour représenter les tailles de gouttes, on peut citer, de manière non exhaustive, la loi log-normale, celle de Rosin-Rammler [72] (ou de Weibull [95]), ou encore la loi racine carré-normale. La loi log-normale, proposée initialement par Kolmogorov [48], est définie par l'équation Eq. (I.2.7). La fragmentation est alors vue comme un processus séquentiel, dans lequel la rupture se produit en « cascade » : à chaque étape, une goutte « mère » se brise en donnant naissance à certain nombre de gouttes « filles », indépendant des ruptures précédentes. Cette évolution conduit à considérer des gouttes de plus en plus petites. Pour un grand nombre d'étape, l'application du théorème central limite permet de décrire les distributions volumiques par la loi log-normale. Bien que le scénario précédent soit discret, la distribution lognormale a également été obtenue par Gorokhovski et Saveliev [30], sous l'hypothèse de symétrie d'échelle, comme solution asymptotique d'une équation de fragmentation où la taille des fragments évoluent de manière continue dans le temps.

$$P_V(D) = \frac{1}{\sigma D\sqrt{2\pi}}exp\left[-\frac{1}{2}\left(\frac{ln(D) - ln(\bar{D})}{\sigma}\right)\right] \qquad \text{(I.2.7)}$$

où σ est l'écart-type de la distribution. La loi de Rosin-Rammler [72], déterminée initialement de manière empirique à partir de travaux sur la poudre de charbon, est également couramment utilisée pour l'étude granulométrique des sprays. Celle-ci est définie par l'équation Eq. (I.2.8) ci-dessous :

$$P_V(D) = m\left(\frac{D^{m-1}}{\bar{D}}\right)exp\left[-\left(\frac{D}{\bar{D}}\right)^m\right] \qquad \text{(I.2.8)}$$

où le coefficient m est ajusté à partir de la fonction de répartition de la distribution volumique $F_V(D) = 1 - exp\left[-\left(D/\bar{D}\right)^m\right]$. Malgré l'origine empirique de cette loi, Brown et Wohletz [25] ont montré que la distribution de Rosin-Rammler pouvait être obtenue en supposant l'existence d'un comportement fractal du processus de fragmentation. Simmons [79] constate que les sprays produits par une large variété d'injecteurs suivent une loi racine carré-normale, c'est-à-dire que la distribution de la racine carré du diamètre des gouttes est normale. Cette distribution a par la suite été employée par un certain nombre d'auteurs pour représenter la granulométrie de leur spray [98; 97]. Elle est définie par :

$$P_V(D) = \frac{1}{2\sigma\sqrt{2\pi D}}exp\left[-\frac{\left(\sqrt{D} - \sqrt{\bar{D}}\right)^2}{2\sigma^2}\right] \qquad \text{(I.2.9)}$$

où σ est l'écart-type de la distribution.

2.2.2 Diamètres moyens

A partir des distributions de taille, il est possible de définir des diamètres moyens à partir du rapport de différents moments de ces distributions. Ceux-ci sont définis par l'équation Eq. (I.2.10) ci-dessous :

$$d_{pq} = \left[\frac{\int P_N(D) D^q dD}{\int P_N(D) D^p dD} \right]^{\frac{1}{q-p}} \qquad (I.2.10)$$

où p et q sont des entiers naturels. Par exemple, pour $p = 1$ et $q = 0$, l'équation Eq. (I.2.10) définit le diamètre moyen en nombre d_{10}. Pour $p = 2$ et $q = 0$ il s'agit alors du diamètre moyen en surface d_{20}, et pour $p = 3$ et $q = 0$ de celui en volume d_{30}. Selon les applications, certains diamètres moyens peuvent se révéler particulièrement pertinents pour représenter certains mécanismes physiques. Dans le cadre des sprays, le Diamètre Moyen de Sauter d_{32}, ou SMD, est communément utilisé. Il représente la taille d'une goutte possédant en moyenne le même ratio volume sur surface que l'ensemble des gouttes du spray, et permet de caractériser la pénétration des gouttes dans l'air, qui est fonction du rapport entre l'inertie des gouttes et leur résistance aérodynamique.

On notera également qu'un certain nombre de distributions permettent d'exprimer certains diamètres moyens en fonction des autres, en faisant intervenir la moyenne et l'écart-type de la distribution. C'est le cas par exemple de la distribution log-normale.

D'autres diamètres caractéristiques sont construits à partir de la fonction de répartition des distributions numériques, surfaciques ou volumiques. Par exemple, le diamètre médian en volume $d_{V0.5}$ (ou VMD), qui égal au diamètre médian en masse MMD pour une masse volumique liquide constante, est défini tel que les gouttes plus petites que le VMD représentent 50% du volume du spray. De même, on définit les diamètres $d_{V0.1}$, respectivement $d_{V0.9}$, de sorte à ce que les gouttes plus petites que celui-ci représentent 10%, respectivement 90%, du volume du spray.

Le rapport MMD/SMD est un bon indicateur de la dispersion statistique de taille de goutte. Simmons [79] constate que, pour une large variété d'injecteurs, le rapport entre le Diamètre Moyen de Sauter (SMD) et le Diamètre Median en Masse (MMD) est constant et égal à $MMD/SMD = 1.2$. On peut aussi exprimer l'étendue statistique des tailles de gouttes dans un spray par :

$$\Delta = \frac{D_{V0.9} - D_{V0.1}}{D_{V0.5}} \qquad (I.2.11)$$

Deuxième partie

Etude expérimentale

Chapitre 1

Dispositif expérimental

1.1 Asperseur

L'asperseur choisi pour cette étude (FIG. II.1.1) est couramment utilisé en irrigation, notamment sur des configurations en pivot ou en couverture intégrale. Sa portée n'excédant pas 15m, il a été possible de l'intégrer à un dispositif expérimental en laboratoire.

FIGURE II.1.1: Photo de l'asperseur RB46 (source : http://www.rainbird.fr)

L'asperseur est constitué d'un coude à 23 ° (FIG. II.1.2), suivi d'un fût légèrement convergent (angle d'environ 1 °) comprenant des ailettes, d'un convergent avec un angle de 34 ° et d'un tube cylindrique court, dont la longueur est de l'ordre du diamètre de buse. L'ensemble fût-convergent-tube forme une seule pièce qui peut être démontée de l'asperseur. Nous avons utilisé des buses cylindriques ayant un diamètre de sortie d_{buse} valant respectivement 3.96mm, 4.37mm et 4.76mm.

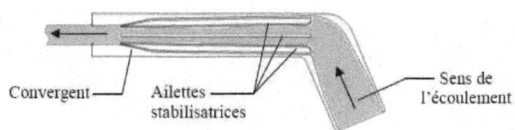

Convergent — Ailettes — Sens de
stabilisatrices l'écoulement

FIGURE II.1.2: Schéma en coupe de l'asperseur étudié

1.2 Technique de visualisation

Afin de pouvoir observer les mécanismes de fragmentation du jet, mais aussi déterminer les caractéristiques du spray en termes de tailles et de vitesses de gouttes, une technique de visualisation par ombroscopie a été mise en place. Cette technique consiste à placer l'objet que l'on souhaite observer entre une source de lumière, qui peut-être continue ou pulsée, et une caméra (FIG. II.1.3). Les objets apparaissant sur les images obtenues seront donc a priori d'autant plus sombres qu'ils absorberont la lumière émise. Cependant, dans le cas d'objets partiellement transparents, les phénomènes de réflexion et diffraction de la lumière peuvent mettre l'affirmation précédente en défaut. Par exemple, dans le cas d'une goutte d'eau sphérique présente dans le plan focal d'une caméra, une tache lumineuse due à la diffraction apparaît au centre de la goutte.

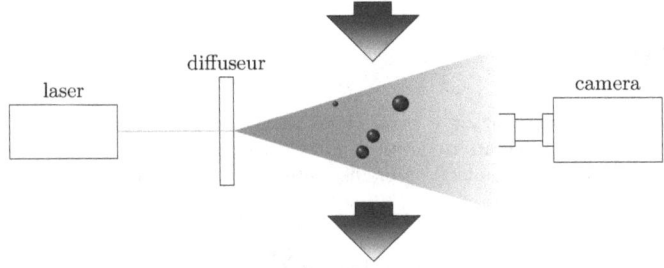

FIGURE II.1.3: Vue de dessus du dispositif

Dans un premier temps, une caméra rapide FASTCAM SA3 Model 120K et un éclairage continu ont été employés afin de visualiser l'écoulement. Dans notre application, les vitesses des gouttes étant de l'ordre de 20 m/s, le recours à des cadences de l'ordre de 5000 à 15000 images par seconde s'est avéré nécessaire pour que l'on puisse suivre les objets et leurs déformations sur une série d'images successives. De plus, afin que les gouttes ne parcourent pas une trop grande distance pendant le temps d'ouverture de la caméra, ce qui se traduirait par un « flou de bougé », nous avons réduit le temps d'exposition. En contrepartie, la réduction du temps d'ouverture de l'obturateur s'accompagne d'une perte de luminosité. Afin d'avoir un contraste suffisant, nous avons dû augmenter la puissance de l'éclairage en utilisant deux projecteurs de Fresnel de 2000W, mais aussi diminuer l'ouverture du diaphragme de l'objectif. Avec cette méthode une forte diminution du « flou de bougé » est obtenue et les objets apparaissent très nets dans les images. Cependant, l'inconvénient rencontré est qu'en diminuant l'ouverture du diaphragme nous avons augmenté la profondeur de champ et dégradé l'homogénéité du fond lumineux (FIG. II.1.4).

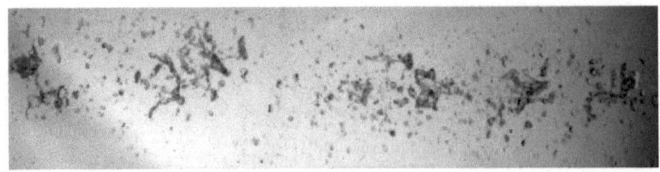

FIGURE II.1.4: Exemple d'image obtenue avec un éclairage continu

Dans un second temps, une alternative à l'utilisation d'un éclairage continu a été d'utiliser une source lumineuse pulsée, qui permet de disposer de suffisamment de luminosité pendant un laps de temps très bref, comme par exemple les systèmes stroboscopiques. Le dispositif mis en œuvre est constitué d'un laser Litron Nd-YAG de 132 mJ et d'une optique Dantec « ShadowStrobe » (FIG. II.1.5), qui permet de diffuser l'énergie lumineuse et d'obtenir un fond lumineux homogène et de très bonne qualité. La durée d'un flash est d'environ $4ns$, ce qui permet de s'affranchir complètement du flou de « bougé ». De plus, afin de pouvoir analyser de plus grands champs, nous avons remplacé la caméra rapide précédemment employée par une caméra PIV HiSense 4M (12 bits, résolution de 2048x2048 pixels). Si l'utilisation d'un laser et d'une caméra PIV est moins propice à la visualisation directe des mécanismes physiques en jeu, elle permet d'obtenir, pour un même nombre d'images, un plus grand nombre d'évènements décorrélés entre eux, ce qui est avantageux pour construire des statistiques.

FIGURE II.1.5: Dantec ShadowStrobe (source : http://www.dantecdynamics.com)

1.3 Campagnes de mesure

Trois campagnes expérimentales ont été réalisées durant cette thèse. Les deux premières ont permis d'observer les mécanismes de fragmentation du jet et de caractériser la granulométrie des plus gros fragments liquides présents dans le spray. Une caméra rapide FASTCAM SA3 Model 512×512 pixels, avec un objectif macro 105mm F2.8 DG Macro (Sigma), et un éclairage continu sont alors employés. Dans le spray, la largeur de champ est d'environ 15 cm et la distance entre la caméra et l'axe du jet est d'environ 500 mm. La résolution de l'image est d'environ 3500 $pixels/m$. La cadence d'acquisition est d'environ 15000 images par seconde, ce qui correspond à un temps de 65 μs entre deux images consécutives. Étant données les vitesses d'écoulement, cette cadence permet de suivre les gouttes les plus rapides sur une quarantaine d'images consécutives. La position de l'image est centrée sur l'axe du jet et chaque acquisition comporte 2000 images.

Afin d'obtenir les vitesses lagrangiennes des gouttes dans le spray, une dernière campagne a été réalisée en 2011 à l'aide du système laser décrit précédemment. La caméra est équipée du même objectif macro que pour les précédentes campagnes expérimentales (105mm F2.8 DG Macro, Sigma). La largeur des champs est d'environ 65 $mm \times 65$ mm et le temps entre 2 pulses successifs était de 30 μs. La distance entre la caméra et le plan focal est d'environ 500 mm. La résolution de l'image est d'environ 30 $pixels/mm$. Les données sont collectées à 4 positions axiales (respectivement à 550, 664, 778 et 892 diamètres de buse de la sortie de l'asperseur) et plusieurs positions radiales (suffisamment pour couvrir un diamètre vertical de jet). Chaque acquisition est composée de 500 paires d'images, ce qui est un compromis entre la volonté d'avoir suffisamment de gouttes détectées pour les traitements statistiques et les problématiques inhérentes au stockage des données.

Les conditions expérimentales sont résumées ci-dessous (Tableau II.1.1). Les nombres de Weber et de Reynolds correspondent toujours au régime d'atomisation.

Diamètres de sortie (d_{buse})	3.96, 4.37, 4.76 mm
Vitesse moyenne en sortie de buse (u_0)	22-26 m/s
Rapport des masses volumiques (ρ_L/ρ_G)	840
Nombre de Reynolds ($Re_L = \rho_L u_0 d_{buse}/\mu_L$)	88000 - 126000
Nombre de Weber ($We_L = \rho_L u_0^2 d_{buse}/\sigma$)	27000 - 46000
Nombre d'Ohnesorge ($Oh = \mu_L/(\rho_L \sigma d_{buse})^{1/2}$)	0.0017 - 0.0019

TABLE II.1.1: Récapitulatif des conditions expérimentales

1.4 Description du jet

Quelques allures du jet sont reportées dans cette section. Dans les images présentées, le sens de l'écoulement est de la droite vers la gauche. Le champ caméra est d'environ $65mm$. En sortie de buse (FIG. II.1.6), on observe la présence d'un cœur liquide. Les ligaments présents à sa surface sont dirigés de manière aléatoire et sont probablement dus à la turbulence du liquide, ce qui est en accord avec les observations de Sallam et Faeth [76] pour des jets liquides turbulents.

FIGURE II.1.6: Allure du jet en sortie de buse

La colonne liquide se déforme de plus en plus au fur et à mesure qu'on s'éloigne de la buse, avec une influence croissante des forces aérodynamiques (FIG. II.1.7). Des mécanismes de fragmentation secondaire, visibles sur la figure FIG.II.1.7 épluchent alors la surface du jet et mènent finalement à la rupture de la colonne liquide.

FIGURE II.1.7: Allure du jet à $x/d_{buse} = 70$

De larges fragments, issus de la fragmentation du cœur liquide, sont visibles dans le spray (FIG. II.1.8), même pour des distances à la buse assez importantes. Ces fragments sont ensuite progressivement fragmentés jusqu'à ce que le spray, de plus en plus dispersé, soit constitué de gouttes stables, qui ne seront plus atomisées (FIG. II.1.9).

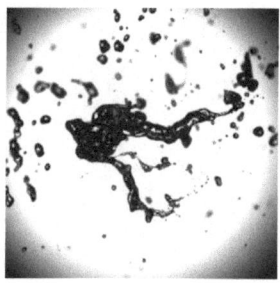
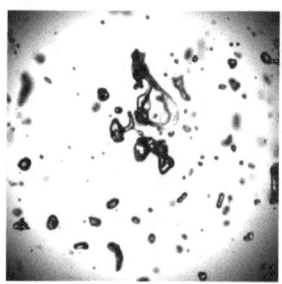

FIGURE II.1.8: Allure du jet à $x/d_{buse} = 457$, sur   FIGURE II.1.9: Allure du jet à $x/d_{buse} = 892$, sur
                l'axe du spray   l'axe du spray

Chapitre 2

Calibration du système d'imagerie

2.1 Calibration du système d'imagerie

Le principal avantage de la granulométrie par imagerie est le fait que l'on peut détecter une large gamme de tailles (ici de $100\mu m$ à $10mm$), même si les éléments observés sont non sphériques. Cependant la granulométrie par imagerie n'a pas que des avantages et la principale difficulté que l'on rencontre avec cette technique est l'établissement de critères permettant de séparer les gouttes nettes, proches du plan focal, des gouttes floues. Ces critères permettent de définir un volume de mesure à l'intérieur duquel on peut raisonnablement bien estimer la taille des éventuels objets. Dans notre cas, il est nécessaire de bien estimer l'étendue de ces volumes de mesures et de vérifier que les tailles de gouttes (ou d'autres objets) sont bien estimées à l'intérieur de ceux-ci.

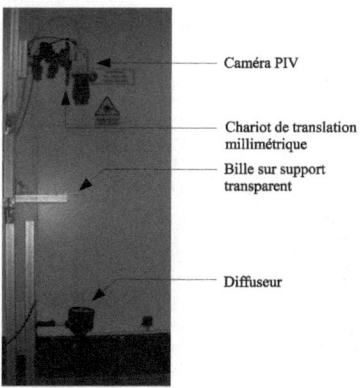

FIGURE II.2.1: Dispositif expérimental de calibration

Afin de garantir une bonne reproductibilité des mesures, nous avons utilisé des billes de verre calibrées à la place des gouttes d'eau. Les billes ont des diamètres compris entre $0.3mm$ et $10mm$, avec une précision de $\pm 3\mu m$. Pendant la campagne de mesure, la caméra et la source de lumière ont été positionnées verticalement (FIG. II.2.1), tandis que les billes de verre étaient positionnées sur une lamelle de verre, sur l'axe optique de la caméra. La résolution est de 30 $pixels/mm$. Des images de ces billes de verre ont été prises à différentes positions par rapport au plan focal (FIG. II.2.2). Les profils d'intensité de niveaux de gris sont ensuite analysés pour chaque bille et chaque position.

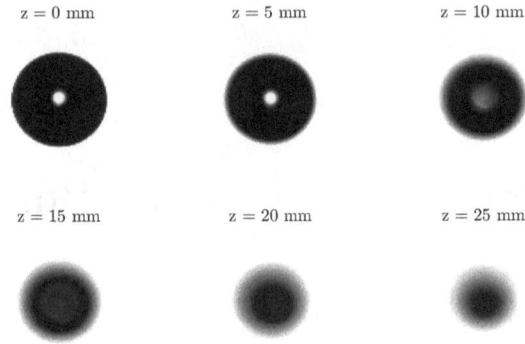

FIGURE II.2.2: Bille de 2mm - z est la distance de la bille au plan focal

Un profil type est représenté FIG. II.2.3. Dans la suite, les diamètres de références D_l sont définis à partir d'une intensité de référence i_{ref}, qui correspond à un niveau relatif l sur le profil :

$$i_{ref} = i_{min} + l * h \qquad (\text{II.2.1})$$

où h est la hauteur du profil $h = i_{max} - i_{min}$; i_{max} correspond au niveau du fond lumineux (blanc) et i_{min} au plus petit niveau du profil (sombre). Par exemple, si on s'intéresse au niveau l à 50% de la hauteur du profil, les définitions précédentes permettent de définir $i_{ref,l=50\%}$ et le diamètre correspondant $D_{l=50\%}$.

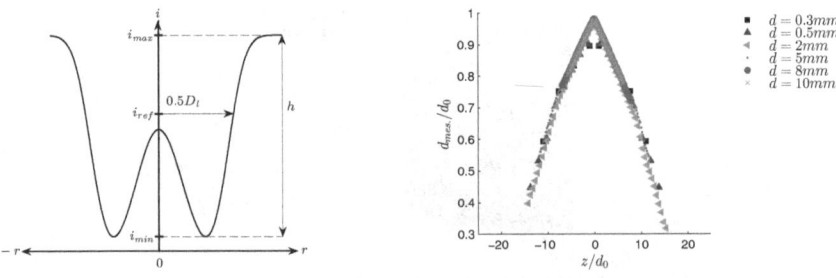

FIGURE II.2.3: Profil de niveaux de gris « type »   FIGURE II.2.4: Rapport   du   diamètre   mesuré
d'un objet transparent $D_{l=50\%}$ et du diamètre réel d_0 à
                                                       différentes distances du plan focal,
                                                       sans correction

Dans la suite, $D_{l=25\%}$, $D_{l=50\%}$ et $D_{l=75\%}$ désigneront respectivement les diamètres correspondant aux niveaux relatifs à 25%, 50% et 75% du profil, et le diamètre apparent sera défini comme étant le diamètre à mi-hauteur $D_{l=50\%}$, ce qui est arbitraire mais assez classique. Sur le

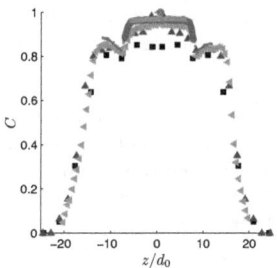

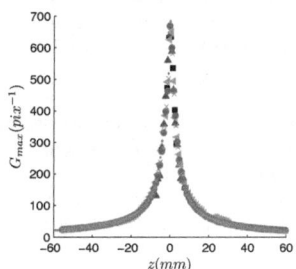

FIGURE II.2.5: Variation du contraste des objets avec la distance normalisée au plan focal

FIGURE II.2.6: Maximum du gradient d'intensité à différentes distances du plan focal

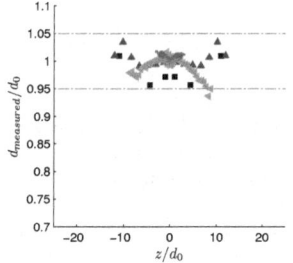

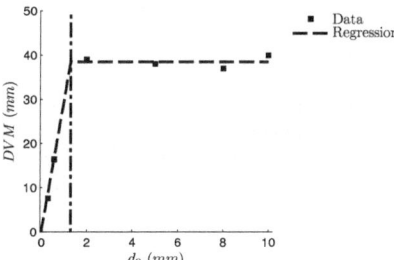

FIGURE II.2.7: Rapport du diamètre mesuré $D_{l=50\%}$ sur le diamètre réel d_0 à différentes distances du plan focal, après correction et rejet des gouttes très floues

FIGURE II.2.8: Profondeur du volume de mesure DVM (mm) en fonction du diamètre des objets

plan focal, la taille des objets larges ($d_0 > 0.5mm$) est assez bien estimée, avec une erreur relative inférieure à 1%. Cependant, pour les deux plus petites billes ($d_0 = 0.3mm$ et $d_0 = 0.5mm$), on observe une erreur relative plus importante. Cette erreur est liée à un problème de discrétisation numérique de l'image : la résolution n'est pas suffisante pour correctement représenter le profil. On peut d'ailleurs s'apercevoir que le maximum de contraste est plus faible alors qu'il devrait être égal à 1 sur le plan focal. Quand on éloigne les objets du plan focal, ils sont de plus en plus flous et on sous-estime de plus en plus leur taille (même tendance de part et d'autre du plan focal). L'erreur relative est donc une fonction croissante de $|z|/d_0$ et peut atteindre jusqu'à 70%. De plus, cette tendance ne dépend pas de la définition du diamètre apparent mais affecte tous les diamètres de référence.

Afin de limiter l'erreur dans l'estimation de la taille des objets, la méthode la plus répandue est de rejeter les objets flous. Un certain nombre de travaux ([47] ; [55]) ont ainsi proposé des critères basés sur le gradient en intensité de pixels et sur le contraste, afin d'éliminer les gouttes floues ou « trop » floues. Cependant, dans une image, relativement peu de gouttes se situent sur le plan focal en comparaison du nombre de gouttes présentes dans une image. Les méthodes habituelles tendent alors à éliminer du traitement un grand nombre de gouttes, plus particulièrement les plus petites, et à réduire le volume de mesure, puisque seuls les objets très près du plan focal seront détectés.

Le contraste C, défini par l'équation Eq. (II.2.2), est un paramètre couramment utilisé pour séparer les objets nets des objets flous [56] quand ces objets sont plutôt petits ($d_0 < 0.3mm$). Cependant, dans le cas d'objets de plus grande taille, la valeur du contraste évolue très peu jusqu'à une distance critique $|z|/d_0 \approx 12$, qui dépend linéairement de la taille de l'objet d_0, et chute brutalement au-delà de cette distance critique (FIG. II.2.5).

$$C = \frac{i_{max} - i_{min}}{i_{max} + i_{min}} \tag{II.2.2}$$

Le gradient d'intensité de pixels aux bords des objets (FIG. II.2.6) est un bon indicateur de la distance des objets (larges) au plan focal. Afin de ne pas recourir à l'utilisation d'un filtre pour le calcul du gradient, la valeur maximale du gradient sur le bord d'un objet est définie par :

$$G_{max} = \frac{h}{K\left(D_{l=75\%} - D_{l=25\%}\right)} \tag{II.2.3}$$

où K est le nombre de pixels par unité de longueur.

Ici, afin d'éliminer de l'analyse le moins de gouttes possible, nous proposons de corriger le diamètre apparent à partir des données de calibration. La correction est basée sur une régression expérimentale entre le ratio $D_{l=50\%}/d_0$ et le paramètre GI, défini par l'équation Eq. (II.2.4) et introduit par Koh *et al.* [47] en tant que critère de détection pour les objets larges ($d_0 > 0.3mm$) :

$$GI = K\frac{D_{l=50\%} * G_{max}}{h} = \frac{D_{l=50\%}}{D_{l=75\%} - D_{l=25\%}} \tag{II.2.4}$$

où K est le nombre de pixels par unité de longueur.

Deux critères sont utilisés pour rejeter les gouttes « très » floues, pour lesquelles il est très difficile d'apporter une correction au diamètre apparent. Les gouttes sont ainsi rejetées de l'analyse si leur valeur GI correspondante est en dessous d'un seuil limite ou si leur contraste est trop faible. Les résultats de l'estimation des tailles après correction sont représentés FIG. II.2.7. Pour les plus petites gouttes ($d_0 \leq 0.5mm$), on observe que les diamètres sont légèrement surestimés. Cependant, le traitement semble efficace et l'erreur relative après correction n'excède pas 3%.

2.2 Corrections statistiques

Précédemment nous avons indiqué que deux critères étaient utilisés pour rejeter les gouttes « très » floues, qui ne pouvaient pas être analysées avec une précision raisonnable. Ces deux critères déterminent si une goutte donnée sera détectée ou non, c'est-à-dire définissent un volume de mesure. La profondeur du volume de mesure DVM dépend linéairement du diamètre des objets pour les objets petits ($d_0 < 1.2mm$) puis atteint une constante pour les objets les plus larges (FIG. II.2.8). Ce résultat est *a priori* dépendant des algorithmes de traitement et on peut voir que, si aucun critère de rejet n'est appliqué, on détectera un objet sur l'image tant que le contraste est suffisant, c'est-à-dire jusqu'à la position critique défini précédemment sur le profil de contraste (FIG. II.2.5) : $|z|/d_0 \approx 12$; le volume de mesure dépendra donc linéairement de la taille de l'objet considéré. La dépendance du volume de mesure avec la taille des objets introduit un biais statistique dont il faut tenir compte dans l'estimation des distributions en tailles des gouttes : dans les histogrammes de tailles, on divise donc le nombre de gouttes N_i présentes dans la classe de taille i par le volume de mesure correspondant à cette classe de taille.

De plus, un autre biais statistique devant être pris en compte est introduit par l'utilisation d'un masque dans l'image. En effet, les gouttes à cheval sur le bord du masque sont rejetées. Or, plus une goutte est grosse plus elle a de chance de toucher le bord du masque. Pour corriger cet effet, on pondère les distributions : chaque classe i est pondérée avec un facteur correctif, calculé à partir de la probabilité P pour une goutte de diamètre d_i de toucher le bord d'un masque circulaire de diamètre D_{masque} :

$$P = (2D_{masque} - d_i)\, d_i / D_{masque}^2 \qquad \text{(II.2.5)}$$

2.3 Détection des gouttes et estimation des tailles dans le spray

Dans notre traitement, après avoir appliqué un masque circulaire sur l'image, on calcule la transformée en ondelette (TO) de l'image par convolution de l'image avec un filtre de type « chapeau mexicain »(Annexe A). La transformée en ondelette peut être vue comme une transformée de Fourier bidimensionnelle « locale », au sens où elle est effectuée à l'échelle d'un masque. La transformée de Fourier permet donc de bien détecter les variations de niveaux de gris dans l'image, et donc de bien détecter les contours des gouttes, même floues ou avec un faible contraste, et les contours des gouttes en superposition partielle. Dans nos images le seuillage par transformée en ondelette semble robuste (peu de faux positifs) et assez sensible (on détecte plus de gouttes qu'avec la méthode classique) pour toutes les tailles de gouttes observées. Finalement, les objets sont détectés par seuillage de la transformée en ondelette de l'image. Une analyse locale est ensuite effectuée afin de séparer les gouttes en superposition partielle, et de déterminer le contraste des objets, le maximum du gradient sur leur bord et les contours.

Le diamètre d'une goutte D_A est habituellement déterminé à partir de son aire projetée, c'est-à-dire à partir de la surface de sa silhouette dans l'image [15] :

$$D_A = \sqrt{\frac{4A}{\pi}} \qquad \text{(II.2.6)}$$

Cependant, cette expression n'est pas adaptée dans le cas d'une goutte non sphérique. Une solution alternative est d'estimer son volume à l'aide d'une méthode proposée par Daves *et al.* [19]. Sa silhouette est divisée en tranches cylindriques perpendiculaires à son axe principal d'inertie (FIG. II.2.9). Le volume V de la goutte est alors calculé comme la somme du volume de chaque tranche. Finalement, le diamètre D_V de la goutte est déterminé par :

$$D_V = \sqrt[3]{\frac{6V}{\pi}} \qquad \text{(II.2.7)}$$

Par la suite, le diamètre des gouttes sera déterminé à partir de cette dernière expression.

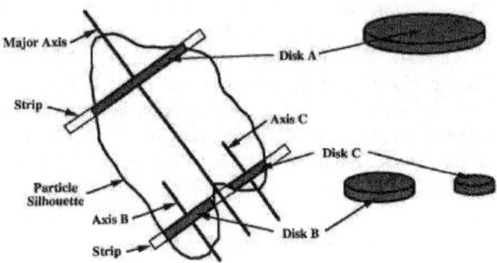

FIGURE II.2.9: Estimation du volume par découpage en tranches cylindriques (Daves *et al.*, 1993)

2.4 Validation de la méthode

Des mesures par sonde optique ont été réalisées afin d'apporter un élément de comparaison aux mesures par imagerie. La pointe de la sonde est sensible au changement d'indice de réfraction et délivre un signal différent selon le milieu où elle se trouve (air ou eau). La proportion de temps où la sonde se trouve dans le liquide t_L, vis-à-vis du temps total $t_L + t_G$, donne le taux de présence du liquide (équation Eq. (II.2.8)). Des mesures par sondes optiques ont déjà été réalisées dans le cadre de jets utilisés en irrigation par aspersion et ont fourni des résultats encourageants [46].

$$\tau = \frac{t_L}{t_G + t_L} \tag{II.2.8}$$

où t_G et t_L sont respectivement le temps où la sonde se situe dans l'air et dans l'eau.

Le taux de présence du liquide est calculé à partir de notre traitement d'image par :

$$\tau = \sum \frac{N_i \left(\frac{\pi D_{V,i}^3}{6} \right)}{\mathrm{VM}_i}, \tag{II.2.9}$$

où N_i est le nombre de gouttes dans la classe de tailles i, $D_{V,i}$ est le diamètre médian de la classe et VM_i le volume de mesure associé à la classe i et déterminé par calibration par : $\mathrm{VM}_i = \mathrm{DVM}_i *$ $(\pi D_{masque}^2 / 4)$. Les résultats (FIG. II.2.10) montrent un très bon accord entre les deux techniques de mesure pour les deux distances à la buse considérées. Les profils verticaux et horizontaux obtenus avec la sonde optique sont très proches, ce qui laisse suggérer que l'écoulement est encore proche de l'axisymétrie.

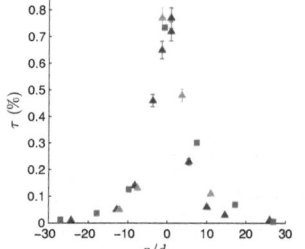 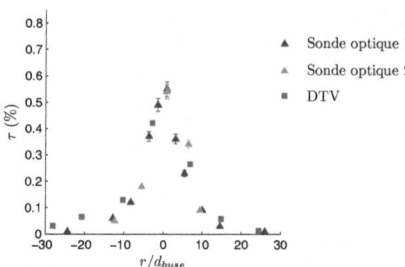

FIGURE II.2.10: Comparaison des mesures de taux de présence liquide à 778 (gauche) et à 892 (droite) diamètres de buse de l'injecteur ($d_{buse} = 4.37mm$); pour chaque graphe, les deux premiers jeux de données correspondent aux mesures par sondes optiques (respectivement selon un diamètre de jet vertical et horizontal), le dernier jeu de donnée est obtenu par imagerie (DTV)

Chapitre 3

Technique de détection et de mesure

3.1 Masking

Le champ caméra est large (environ 65mm) afin de pouvoir visualiser les plus gros fragments liquides. Cependant, l'étendue de la tache lumineuse du diffuseur est limitée et des portions de l'image ne sont pas suffisamment éclairées. Ces zones ont été rejetées en post-traitement à l'aide d'un masque circulaire de diamètre $D_{mask} = 55mm$ (FIG. II.3.1). Une fois masquée, tous les pixels correspondant au fond lumineux ont la même valeur maximale. Les images seront analysées sous *Matlab* (détection et estimation des tailles), avec l'*Image Processing Toolbox*, et à l'aide du logiciel *DynamicsStudio* de *Dantec* (utilisation d'un algorithme de correspondance entre deux images successives pour l'obtention des vitesses lagrangiennes). Un module de couplage, interne à *DynamicsStudio*, permet d'appliquer les scripts *Matlab* aux images stockées dans la base de données des acquisitions, gérée *DynamicsStudio*.

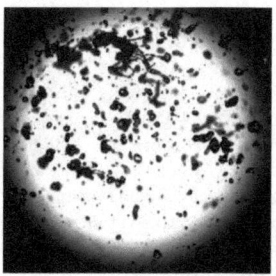

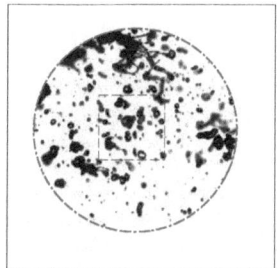

FIGURE II.3.1: Image de spray obtenue par ombroscopie laser, qui servira de référence dans ce chapitre

FIGURE II.3.2: Image après l'application d'un masque (pointillés rouges); la zone délimitée en pointillés bleus correspond aux figures FIG. II.3.3 et FIG. II.3.4

3.2 Détection des gouttes présentes dans l'image

Dans l'image, le niveau de gris le plus haut correspond à la valeur 4095, qui dépend de la sensibilité de la caméra (12 bits), et le niveau le plus bas correspondra à la valeur nulle. Lors du traitement d'images, un premier seuillage permet de repérer la position des éléments liquides présents dans l'image. La méthode de seuillage la plus couramment employée consiste à repérer les pixels de l'image dont l'intensité est en-dessous d'un certain seuil. Cependant, avec cette méthode, les gouttes qui ont un contraste inférieur au niveau du seuil ne seront pas détectées. Cette méthode rejette donc un nombre important de gouttes en défaut de mise au point. De plus, une goutte large qui présente des zones de contrastes différents est parfois détectée comme plusieurs gouttes, qui correspondent aux zones de contraste plus important.

Une alternative parfois utilisée est d'effectuer le seuillage sur la norme du gradient des intensités de pixels dans l'image (FIG. II.3.3). Celui-ci est alors calculé par convolution avec un filtre dérivateur. On peut citer, de manière non exhaustive, les filtres de Sobel, de Roberts ou encore de Deriche. L'image obtenue met alors en relief les zones de forte variation d'intensités de pixels : plus une goutte sera nette et plus celle-ci aura une valeur de gradient importante sur son bord. Cependant, les gouttes en défaut de mise au point ne seront pas bien capturées par cette méthode. De plus, cette méthode a tendance à ouvrir les contours et l'utilisation de méthodes avancées de détection de contours est requise (contours actifs, ...).

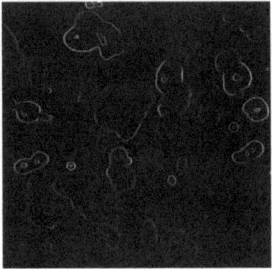

FIGURE II.3.3: Norme du gradient de l'image (à partir d'un filtre de Deriche)

Dans cette thèse une méthode originale de seuillage, développée par Yon [101], est utilisée. Cette méthode consiste à calculer la transformée en ondelette (T.O.) de l'image. Elle est obtenue par convolution de l'image avec un filtre en deux dimensions, dont les coefficients dépendent du type d'ondelette considérée et de sa paramétrisation (Annexe A). Une ondelette de type « chapeau mexicain » est utilisée. Celle-ci est sensible aux concavités de niveaux de gris et permet ainsi de détecter les interfaces présentes dans l'image. Un exemple d'image de transformée en ondelette est reportée FIG. II.3.4. On notera que les valeurs sont ajustées pour permettre leur représentation sous forme d'image.

Un histogramme des valeurs composant la transformée en ondelette est représenté FIG. II.3.5. Sur cette figure, les valeurs, qui étaient comprises entre −0.5 et 0.5, sont translatées de 0.5 pour obtenir un affichage sur l'intervalle [0; 1]. Le pic de l'histogramme correspond au fond lumineux, qui est uniforme. La valeur associée à ce pic est la valeur nulle (0.5 sur la figure après translation). Au fur et à mesure que l'on s'écarte de ce pic en tendant vers 0, les valeurs de la transformée en ondelette correspondent à des objets de plus en plus nets.

Effectuer le seuillage sur la transformée en ondelette de l'image permet ainsi un meilleur contrôle du niveau de mise au point des objets détectés. Si ce seuil est légèrement inférieur à la valeur médiane, beaucoup de gouttes en défaut de mise au point sont détectées. Si cette valeur est plus proches des valeurs minimales de la T.O., seuls les objets très nets seront détectés. De manière générale, cette technique de seuillage permet de détecter davantage de gouttes en défaut de mise au point que par seuillage classique sur les intensités en niveaux de gris des pixels de

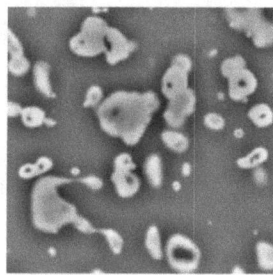

FIGURE II.3.4: Exemple d'image obtenue par produit de convolution avec une ondelette « chapeau mexicain »

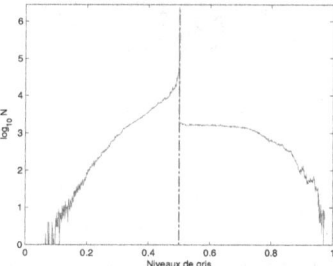

FIGURE II.3.5: Exemple d'histogramme d'une transformée en ondelette de l'image de référence II.3.1

l'image. Cet aspect est illustré sur les figures FIG. II.3.6 et FIG. II.3.7 où d'une part, sur la première figure, est appliqué un seuillage classique, tandis que sur la seconde figure est appliqué un seuillage sur la transformée en ondelette de l'image.

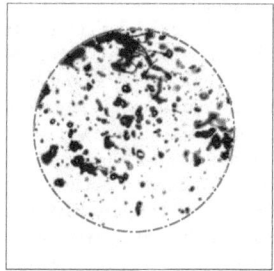 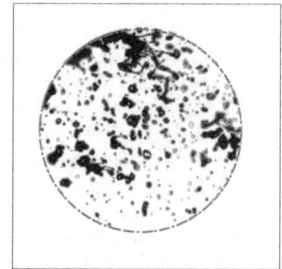

FIGURE II.3.6: Résultat brut de la détection globale par seuillage classique - 245 objets détectés dans l'image

FIGURE II.3.7: Résultat brut de la détection globale par TO - 305 objets détectés dans l'image

Comme annoncé précédemment, cette première étape permet de localiser la présence des gouttes dans l'images. Des premiers contours sont obtenus et référencés par le script *Matlab*. Une seconde étape du traitement consiste alors à analyser chacun des contours référencés et à analyser, contour par contour, la cartographie des niveaux de gris des gouttes correspondantes.

3.3 Analyse locale des gouttes référencées

En tout premier lieu, les gouttes dont les contours sont en contact avec le bord du masque sont rejetées de l'analyse, ce qui est illustré sur la figure FIG. II.3.8.

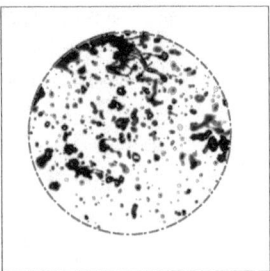

FIGURE II.3.8: Résultat de la détection globale par TO après rejet des gouttes présentes sur le bord du masque - 277 objets

Les contours obtenus à partir du seuillage sur la transformée en ondelette sont alors analysés un par un. Un premier traitement permet de vérifier si chaque contour correspond bien à une seule goutte ou si un contour correspond à un cas où plusieurs gouttes sont en recouvrement partiel. Un exemple de gouttes en recouvrement partiel est reporté sur la figure FIG. II.3.9. Au centre de cette image sont présentes deux gouttes. Celles-ci ne sont pas vraiment en recouvrement. Cependant, leurs taches de flou, qui sont dues à leur défaut de mise au point respectif, se rejoignent et ces deux gouttes sont ainsi initialement détectées comme un seul et unique objet. Afin de séparer les objets, l'analyse porte sur la cartographie des niveaux de gris à l'échelle des objets. La figure FIG. II.3.10 représente les lignes de niveaux des intensités en niveaux de gris des objets. On constate que certains niveaux de gris englobent les deux gouttes comme un seul objet, tandis que d'autres permettent de faire la distinction entre les deux gouttes, ce qui est caractérisé par la présence d'une arête que l'on peut apercevoir entre les deux objets. L'analyse employée s'inspire de l'algorithme *watershed* couramment employé en traitement d'image. Si on considère le niveau de gris maximal, qui correspond au fond lumineux, la ligne de niveau la plus extérieure englobe les deux objets et l'aire délimitée par cette ligne de niveau est alors maximale. Pour un niveau de gris légèrement inférieur, cette aire sera également légèrement plus petite.

L'aire délimitée par les lignes de niveaux diminuera ainsi progressivement au fur et à mesure que le niveau de gris considéré diminuera, ce qui est illustré sur la figure FIG. II.3.11 pour des niveaux de gris normalisés compris entre 0.6 et 0.9. En fait, l'affirmation précédente sera vérifiée tant que les lignes de niveaux ne franchissent pas d'arêtes, car dans ce cas une discontinuité est observée. Le niveau de gris qui correspond à cette discontinuité est le niveau de gris maximal permettant de distinguer les deux gouttes. Finalement les nouveaux contours sont obtenus pour chacune des gouttes (FIG. II.3.12) et sont de nouveau référencés.

Chaque contour référencé correspond *in fine* à un unique objet. La dernière étape de l'analyse permet de collecter les informations nécessaires à l'estimation des tailles des objets. Pour chaque goutte référencée, un masque est appliqué au niveau local afin d'isoler la goutte de son

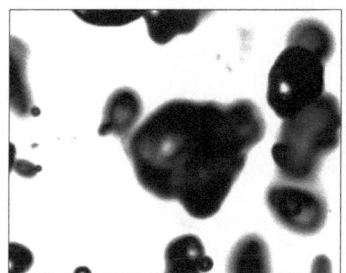

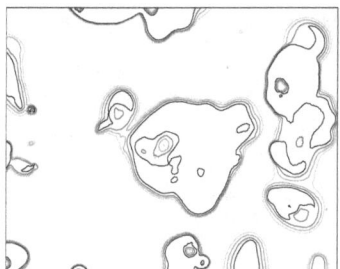

FIGURE II.3.9: Analyse locale - goutte dans son environnement

FIGURE II.3.10: Analyse locale - lignes de niveaux des intensités de pixels

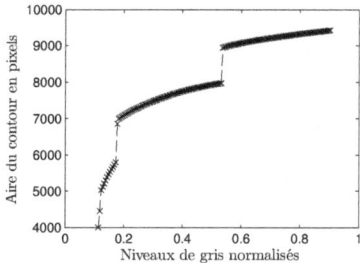

FIGURE II.3.11: Analyse locale - goutte dans son environnement

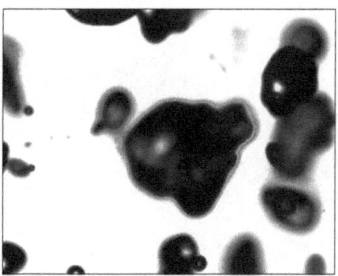

FIGURE II.3.12: Contours à 0.4 et 0.7

environnement et les données de contraste C, les intensités en niveaux de gris maximales i_{max} et minimales i_{min} de l'objet et le gradient de niveaux de gris G_{max} sur ses bords sont collectés (Eq. (II.2.3)). Finalement un premier diamètre équivalent de goutte est estimé par la méthode présenté à la section 2.3 du chapitre 2 de la partie II en considérant le niveau relatif i_{ref} à 50% de la hauteur $h = i_{max} - i_{min}$ du profil de niveaux de gris. Les données de calibration sont alors utilisées afin d'améliorer l'estimation des tailles en prenant en compte la défocalisation des objets, qui est estimée à partir du contraste et du gradient de niveaux de gris à l'interface des gouttes.

Modélisation de l'atomisation du jet liquide

Chapitre 1

Présentation du modèle

1.1 Introduction

Le modèle utilisé est basé sur une approche eulérienne du milieu diphasique. Ce modèle, développé par Vallet *et al.* [91] pour des écoulements à forts nombres de Reynolds et de Weber, permet par son approche globale, c'est-à-dire en s'affranchissant de la notion de gouttes, de mieux représenter la présence d'un cœur liquide dans la région proche de la buse ou de l'injecteur. En effet, dans la zone dense, près de la buse d'injection, une approche eulérienne est plus adaptée du fait des fortes interactions entre les phases liquide et gazeuse. Le choix de modéliser le mélange liquide/gaz est particulièrement intéressant afin de s'affranchir des termes interfaciaux souvent difficiles à appréhender et qui doivent être modélisés dans les approches eulériennes multiphasiques.

Une analogie est faite entre la théorie de la turbulence développée par Kolmogorov pour les écoulements à forts nombres de Reynolds et les mécanismes d'atomisation intervenant à forts nombres de Weber. Dans les écoulements turbulents à forts nombres de Reynolds, la viscosité du fluide est négligeable vis-à-vis des grandes échelles de l'écoulement et n'agit que sur les petites échelles. De même, on suppose que pour les écoulements à forts nombres de Weber, les grandes échelles de l'écoulement ne sont pas influencées par les effets de tension de surface, qui dominent cependant les petites échelles des mécanismes d'atomisation, c'est-à-dire au niveau de la goutte.

Dans la suite, on considérera l'écoulement turbulent d'un « pseudo-fluide », constitué d'un mélange diphasique liquide/gaz. Selon sa composition, la masse volumique du mélange variera entre celle du liquide ρ_l et celle du gaz ρ_g. La description de cet écoulement est assurée par différentes variables représentatives du mélange : la masse volumique ρ variant entre celle du liquide ρ_l et celle du gaz ρ_g, la pression p, les trois composantes de la vitesse u_i ($i = 1, 2, 3$) et une fonction indicatrice de la phase liquide Y, qui vaut 1 si on se trouve dans le liquide et 0 si on se trouve dans le gaz.

Par ailleurs, les effets thermiques sont pour le moment négligés et, afin de pouvoir travailler en axisymétrie, nous ne tiendrons pas compte des effets gravitationnels.

1.2 Equations instantanées

Les équations instantanées de conservation de la masse et de la quantité de mouvement s'écrivent respectivement :

$$\frac{\partial \rho}{\partial t} + \frac{\partial \rho u_i}{\partial x_i} = 0 \tag{III.1.1}$$

et :

$$\frac{\partial \rho u_i}{\partial t} + \frac{\partial \rho u_i u_j}{\partial x_j} = -\frac{\partial p}{\partial x_i} + \frac{\partial \tau_{ij}}{\partial x_j} \tag{III.1.2}$$

où τ_{ij} est le tenseur des contraintes visqueuses, qui s'exprime pour un fluide newtonien, sous l'hypothèse de Stokes, comme :

$$\tau_{ij} = \mu \left(\frac{\partial u_i}{\partial x_j} + \frac{\partial u_j}{\partial x_i} - \frac{2}{3} \frac{\partial u_k}{\partial x_k} \delta_{ij} \right) \tag{III.1.3}$$

avec μ la viscosité dynamique du fluide et δ_{ij} le symbole de Kronecker.

Enfin, l'équation instantanée de conservation de la masse de liquide s'écrit :

$$\frac{\partial \rho Y}{\partial t} + \frac{\partial \rho u_i Y}{\partial x_i} = 0 \tag{III.1.4}$$

Dans ces équations instantanées, ρ et Y sont discontinues : Y prend la valeur 1 et ρ vaut ρ_l dans la phase liquide, alors que dans la phase gazeuse Y égale 0 et ρ est égale à ρ_g. On doit donc considérer ces équations au sens des distributions.

1.3 Equations moyennées

Dans le cas d'écoulements à masse volumique variable, l'application de la moyenne de Reynolds aux équations instantanées Eq. (III.1.1), Eq. (III.1.2) et Eq. (III.1.4) fait apparaître des termes supplémentaires. En effet, à titre d'exemple, la décomposition par la moyenne de Reynolds notée $\overline{}$ du terme ρu fait apparaître un terme supplémentaire si la masse volumique n'est pas constante, puisqu'alors $\rho u = \bar{\rho} \bar{u} + \overline{\rho' u'}$. Afin d'éviter l'apparition de ces termes, une moyenne pondérée par la masse volumique, introduite par Favre, est classiquement utilisée. La moyenne de Favre sera notée $\tilde{}$ dans la suite de ce manuscrit.

1.3.1 Moyenne de Favre

La moyenne de Favre, pondérée par la masse volumique, est définie par :

$$\tilde{h} = \frac{\overline{\rho h}}{\bar{\rho}} \tag{III.1.5}$$

Et la décomposition des variables en parties moyenne et fluctuante devient :

$$h = \tilde{h} + h'' \tag{III.1.6}$$

Avec :

$$\overline{\rho h''} = 0 \quad \text{ou} \quad \widetilde{h''} = 0 \tag{III.1.7}$$

Comme la moyenne de Reynolds, l'opérateur de Favre est linéaire et idempotent :

$$\widetilde{\tilde{f} g} = \tilde{f} \tilde{g} \quad \text{et} \quad \overline{\overline{f} \tilde{g}} = \widetilde{\bar{f} g} = \bar{f} \tilde{g} \tag{III.1.8}$$

$$\tilde{h} = \tilde{\tilde{h}} \tag{III.1.9}$$

Mais, contrairement à la moyenne de Reynolds, l'opérateur de Favre ne commute pas avec les opérateurs de dérivation spatiale et temporelle. De plus, la fluctuation définie par cette moyenne n'est pas centrée puisque la moyenne des fluctuations n'est pas nulle .

$$\overline{h''} = -\frac{\overline{\rho' h'}}{\bar{\rho}} \neq 0 \tag{III.1.10}$$

Enfin, on peut remarquer le lien existant entre les moyennes et fluctuations définies au sens de Reynolds et de Favre puisque :

$$\left\{ \begin{array}{l} \overline{h} = \widetilde{h} + \overline{h''} \\ h' = h'' - \overline{h''} \end{array} \right. \tag{III.1.11}$$

et :

$$\overline{h'g'} = \overline{h''g''} - \overline{h''}\,\overline{g''} \tag{III.1.12}$$

Les équations moyennées sont alors obtenues à partir des équations instantanées, en appliquant la décomposition de Reynolds à la pression et à la masse volumique du mélange, et la décomposition de Favre aux autres variables. Par ailleurs, on notera que la moyenne de Favre de la fonction indicatrice de phase $\widetilde{Y}$ représente la fraction massique du liquide, tandis que sa moyenne de Reynolds $\overline{Y}$ représente la fraction volumique (ou taux de présence) du liquide.

1.3.2 Masse volumique du mélange

La masse volumique moyenne du mélange est définie à partir de la masse volumique du liquide ρ_l, de la masse volumique du gaz ρ_g et de la fraction massique du liquide $\widetilde{Y}$:

$$\frac{1}{\bar{\rho}} = \frac{\widetilde{Y}}{\rho_l} + \frac{1 - \widetilde{Y}}{\rho_g} \tag{III.1.13}$$

On notera que, étant donnée la relation reliant la fraction massique et la fraction volumique du liquide :

$$\bar{\rho} = \overline{Y}\rho_l + \left(1 - \overline{Y}\right)\rho_g \tag{III.1.14}$$

la masse volumique du mélange peut également s'exprimer en fonction de la fraction volumique du liquide, ou concentration volumique liquide, $\overline{Y}$:

$$\overline{Y} = \tau = \frac{\bar{\rho}\widetilde{Y}}{\rho_l} \tag{III.1.15}$$

Malgré cette écriture compacte, la fraction volumique liquide ne dépend en fait que de la fraction massique et du rapport de masses volumiques entre le liquide et le gaz :

$$\overline{Y} = \frac{\widetilde{Y}}{\widetilde{Y} + \frac{\rho_l}{\rho_g}\left(1 - \widetilde{Y}\right)} \tag{III.1.16}$$

La relation précédente est illustrée FIG. III.1.1 pour plusieurs rapports de masses volumiques liquide/gaz. Enfin, l'équation moyennée de conservation de la masse s'exprime :

$$\frac{\partial \bar{\rho}}{\partial t} + \frac{\partial \bar{\rho}\widetilde{u}_i}{\partial x_i} = 0 \tag{III.1.17}$$

Dans la suite, les masses volumiques du liquide et du gaz, ρ_l et ρ_g, seront supposées constantes. Cette approximation semble ici pertinente étant donné les pressions et vitesses de notre écoulement, qui de plus est supposé isotherme. Cependant, il serait tout à fait envisageable d'utiliser des équations d'état différentes pour le liquide ou le gaz, et utiliser par exemple une loi des gaz parfaits pour le gaz.

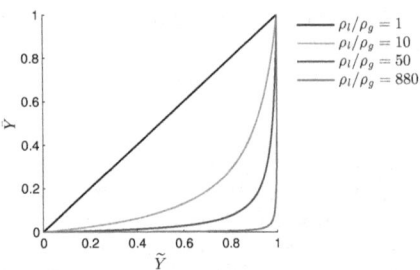

FIGURE III.1.1: Profil de la concentration volumique liquide sur l'axe

1.3.3 Fraction massique liquide

L'équation de transport de la fraction massique s'écrit sous la forme d'une équation de convection/diffusion, à laquelle peuvent également être rajoutés des termes sources ou puits pour tenir compte de divers phénomènes physiques, comme par exemple l'évaporation :

$$\frac{\partial \bar{\rho} \widetilde{Y}}{\partial t} + \frac{\partial \bar{\rho} \widetilde{u}_i \widetilde{Y}}{\partial x_i} = -\frac{\partial \overline{\rho u_i'' Y''}}{\partial x_i} \tag{III.1.18}$$

Le flux turbulent du liquide $\overline{\rho u_i'' Y''}$ représente la corrélation entre les fluctuations de vitesse et de fraction massique et décrit la dispersion du liquide par la turbulence. Ce terme peut également être relié au glissement moyen entre les phases liquide et gazeuse :

$$\bar{u}_{l,i} - \bar{u}_{g,i} = \frac{\widetilde{u_i'' Y''}}{\widetilde{Y} \left(1 - \widetilde{Y}\right)} \tag{III.1.19}$$

Les équations de fermeture utilisées pour modéliser ce flux turbulent de liquide seront détaillées au chapitre 3.

1.3.4 Quantité de mouvement du mélange

$$\frac{\partial \bar{\rho} \widetilde{u}_i}{\partial t} + \frac{\partial \bar{\rho} \widetilde{u}_i \widetilde{u}_j}{\partial x_j} = -\frac{\partial \bar{p}}{\partial x_i} + \frac{\partial \overline{\tau_{ij}}}{\partial x_j} - \frac{\partial \bar{\rho} \widetilde{u_i'' u_j''}}{\partial x_j} \tag{III.1.20}$$

L'équation moyennée de la conservation de quantité de mouvement fait apparaître le tenseur des contraintes de Reynolds $\bar{\rho} \widetilde{u_i'' u_j''}$, qui nécessite d'être fermé. On rappelle que le terme τ_{ij} représente le tenseur des contraintes visqueuses, qui est couramment modélisé pour les écoulements à masse volumique variable par :

$$\overline{\tau_{ij}} = \mu \left(\frac{\partial \widetilde{u}_i}{\partial x_j} + \frac{\partial \widetilde{u}_j}{\partial x_i} - \frac{2}{3} \frac{\partial \widetilde{u}_k}{\partial x_k} \delta_{ij} \right) \tag{III.1.21}$$

L'équation précédente fait intervenir une variable de viscosité dynamique globale qu'il est nécessaire de modéliser en fonction de la composition du mélange. Il faut cependant noter que, si un certain nombre de modélisations ont été proposées par la littérature, aucune ne fait actuellement l'unanimité. De plus, notre étude portant sur un écoulement à fort nombre de Reynolds, la modélisation de la viscosité est supposée avoir un impact relativement restreint sur les résultats. Parmi les modélisations les plus couramment employées on peut noter les formulations linéaires, en fonction soit de la fraction volumique du liquide :

$$\mu = \overline{Y}\mu_l + \left(1 - \overline{Y}\right)\mu_g \tag{III.1.22}$$

soit de la fraction massique du liquide :

$$\mu = \widetilde{Y}\mu_l + \left(1 - \widetilde{Y}\right)\mu_g \tag{III.1.23}$$

les moyennes géométriques [50], comme :

$$\mu = \frac{\mu_g\mu_l}{\overline{Y}\mu_l + \left(1 - \overline{Y}\right)\mu_g} \tag{III.1.24}$$

et les moyennes harmoniques [9] :

$$\begin{cases} \mu = \mu_g & \text{si } \overline{Y} \leq 0.5 - \alpha \\ \mu = 2\frac{\mu_g\mu_l}{\mu_g+\mu_l} & \text{si } 0.5 - \alpha < \overline{Y} \leq 0.5 + \alpha \\ \mu = \mu_l & \text{si } \overline{Y} > 0.5 + \alpha \end{cases} \tag{III.1.25}$$

avec α une constante prise égale à 5×10^{-2}, μ_l la viscosité dynamique du liquide et μ_g celle du gaz. Enfin, il est possible d'exprimer la vitesse moyenne du liquide à partir de la vitesse moyenne du mélange et du flux turbulent de fraction massique liquide :

$$\overline{u}_{l,i} = \widetilde{u}_i + \frac{\widetilde{u_i''Y''}}{\widetilde{Y}} \tag{III.1.26}$$

1.4 Modélisation de la turbulence

1.4.1 Fermeture du tenseur de Reynolds

L'hypothèse de viscosité turbulente de Boussinesq est employée pour fermer le tenseur des contraintes de Reynolds. Dans le cas d'écoulements à masse volumique variable, elle s'exprime par la relation suivante, qui est la plus fréquemment employée :

$$-\overline{\rho u_i''u_j''} = \mu_t\left(\frac{\partial \widetilde{u}_i}{\partial x_j} + \frac{\partial \widetilde{u}_j}{\partial x_i}\right) - \frac{2}{3}\left(\bar{\rho}\widetilde{k} + \mu_t\frac{\partial \widetilde{u}_k}{\partial x_k}\right)\delta_{ij} \tag{III.1.27}$$

où μ_t est la viscosité turbulente, qui est modélisée ici par un modèle $\widetilde{k} - \widetilde{\epsilon}$ dont les équations sont décrites au paragraphe suivant. La relation permettant de relier la viscosité turbulente à l'énergie cinétique turbulente du mélange $\widetilde{k}$ et à son taux de dissipation $\widetilde{\epsilon}$ s'écrit :

$$\mu_t = C_\mu\frac{\bar{\rho}\widetilde{k}^2}{\widetilde{\epsilon}} \tag{III.1.28}$$

avec $C_\mu = 0.09$

1.4.2 Energie cinétique turbulente du mélange

L'énergie cinétique turbulente du mélange $\widetilde{k}$ est définie par la relation suivante :

$$\widetilde{k} = \frac{1}{2}\widetilde{u_i''u_i''} \tag{III.1.29}$$

et peut s'exprimer en fonction des énergies cinétiques turbulentes du liquide $\overline{k_l}$ et du gaz $\overline{k_g}$

$$\widetilde{k} = \widetilde{Y}\overline{k_l} + \left(1 - \widetilde{Y}\right)\overline{k_g} + \frac{\widetilde{u_i''Y''}\widetilde{u_i''Y''}}{2\widetilde{Y}\left(1 - \widetilde{Y}\right)} \tag{III.1.30}$$

avec :

$$\overline{k_l} = \frac{1}{2}\widetilde{u_{l,i}'u_{l,i}'} \quad \text{et} \quad \overline{k_g} = \frac{1}{2}\widetilde{u_{g,i}'u_{g,i}'} \tag{III.1.31}$$

Dans l'équation précédente, les deux premiers termes de droite représentent respectivement la contribution de l'énergie cinétique turbulente du liquide et du gaz à l'énergie cinétique turbulente du mélange. Enfin, le dernier terme représente une contribution liée au flux turbulent de liquide, qu'on peut relier par l'équation Eq. (III.1.19) au glissement entre phases.

L'équation de transport de l'énergie cinétique turbulente du mélange peut être écrite de manière exacte sous la formulation générale suivante :

$$\underbrace{\frac{\partial \overline{\rho}\widetilde{k}}{\partial t} + \frac{\partial \overline{\rho}\widetilde{k}\widetilde{u_i}}{\partial x_i}}_{(a)} = \underbrace{-\frac{\partial}{\partial x_j}\left[\frac{1}{2}\overline{\left(\rho u_i''u_i''u_j''\right)} + \overline{p'u_j''} - \overline{\tau_{ij}u_i''}\right]}_{(b)} \underbrace{- \overline{\rho u_i''u_j''}\frac{\partial \widetilde{u_i}}{\partial x_j}}_{(c)} \underbrace{- \overline{\rho}\widetilde{\epsilon}}_{(d)}$$

$$\underbrace{- \overline{u_i''}\frac{\partial \overline{p}}{\partial x_i}}_{(e)} \underbrace{- \frac{2}{3}\overline{\rho}\widetilde{k}\frac{\partial \widetilde{u_k}}{\partial x_k}}_{(f)} + \underbrace{\overline{p'\frac{\partial u_i''}{\partial x_i}}}_{(g)} \tag{III.1.32}$$

Dans l'équation précédente :
- (a) est un terme de transport
- (b) est un terme de diffusion, qui comprend deux contributions, dont les deux premiers termes représentent la diffusion turbulente et le dernier la diffusion moléculaire. L'expression des termes de diffusion turbulente est modifiée en introduisant une hypothèse de diffusion en gradient :

$$\frac{\partial}{\partial x_j}\left(\frac{1}{2}\overline{\rho}\widetilde{u_i''u_i''u_j''} + \overline{p'u_j''}\right) = -\frac{\partial}{\partial x_j}\left(\frac{\mu_t}{\sigma_k}\frac{\partial \widetilde{k}}{\partial x_j}\right) \quad \text{avec} \quad \sigma_k = 1.0 \tag{III.1.33}$$

- (c) représente la production d'énergie cinétique turbulente par cisaillement moyen (P_k)
- (d) correspond au terme de destruction (E_k)
- (e) est un terme de couplage entre les fluctuations turbulentes de masse et le champ moyen de pression (G_k). Le terme $\overline{u_i''}$ s'exprime :

$$\overline{u_i''} = -\left(\frac{1}{\rho_g} - \frac{1}{\rho_l}\right)\overline{\rho}\widetilde{u_i''Y''} \tag{III.1.34}$$

- (f) est un terme de dilatation (χ_k)
- (g) est la corrélation pression-dilatation, qu'on peut négliger ici sous l'hypothèse de turbulence compressée

Finalement, l'équation de transport de $\widetilde{k}$ s'écrit :

$$\frac{\partial \overline{\rho}\widetilde{k}}{\partial t} + \frac{\partial \overline{\rho}\widetilde{k}u_i}{\partial x_i} = \frac{\partial}{\partial x_i}\left[\left(\mu + \frac{\mu_t}{\sigma_k}\right)\frac{\partial \widetilde{k}}{\partial x_i}\right] - \overline{\rho u_i''u_j''}\frac{\partial \widetilde{u_i}}{\partial x_j} - \overline{\rho}\widetilde{\epsilon}$$

$$- \overline{u_i''}\frac{\partial \overline{p}}{\partial x_i} - \frac{2}{3}\overline{\rho}\widetilde{k}\frac{\partial \widetilde{u_k}}{\partial x_k} \tag{III.1.35}$$

Les termes intervenant dans la première ligne des équations Eq. (III.1.32) et Eq. (III.1.35) sont les mêmes que ceux présents dans l'équation de transport de l'énergie cinétique turbulente du modèle $k - \epsilon$ pour les écoulements à masse volumique constante. Les termes additionnels intervenant dans la seconde ligne des équations Eq. (III.1.32) et Eq. (III.1.35) sont des termes permettant de tenir compte des effets liés à la variation de la masse volumique, et sont nuls si la masse volumique est constante.

1.4.3 Taux de dissipation de l'énergie cinétique turbulente du mélange

De la même manière que précédemment, il est possible de définir le taux de dissipation de l'énergie cinétique turbulente du mélange :

$$\tilde{\epsilon} = 2\nu \overline{\frac{\partial u_i''}{\partial x_j} \frac{\partial u_i''}{\partial x_j}} \tag{III.1.36}$$

où ν est la viscosité cinématique du mélange, et nécessite d'être modélisée (voir section 1.3.4).

Le taux de dissipation de l'énergie cinétique turbulente du mélange peut s'exprimer à partir de ceux de la phase liquide et de la phase gazeuse :

$$\tilde{\epsilon} = \tilde{Y}\overline{\epsilon_l} + \left(1 - \tilde{Y}\right)\overline{\epsilon_g} + \frac{2\bar{\nu}}{\bar{\rho}\tilde{Y}\left(1 - \tilde{Y}\right)} \overline{\frac{\partial \widetilde{\rho u_i'' Y''}}{\partial x_j} \frac{\partial \widetilde{\rho u_i'' Y''}}{\partial x_j}} \tag{III.1.37}$$

avec :

$$\overline{\epsilon_l} = 2\nu_l \overline{\frac{\partial u_{l,i}'}{\partial x_j} \frac{\partial u_{l,i}'}{\partial x_j}} \quad \text{et} \quad \overline{\epsilon_g} = 2\nu_g \overline{\frac{\partial u_{g,i}'}{\partial x_j} \frac{\partial u_{g,i}'}{\partial x_j}} \tag{III.1.38}$$

Le taux de dissipation de l'énergie cinétique turbulente peut ainsi se décomposer en trois contributions : les deux premiers termes de l'équation correspondant aux contributions respectives de la phase liquide et de la phase gazeuse, et le dernier terme pouvant être interprété comme une contribution à la dissipation liée à l'interaction entre phases.

De même, on écrit une équation de transport modélisée pour le taux de dissipation de l'énergie cinétique turbulente du mélange :

$$\underbrace{\frac{\partial \bar{\rho}\tilde{\epsilon}}{\partial t} + \frac{\partial \bar{\rho}\tilde{\epsilon}\tilde{u}_i}{\partial x_i}}_{(a)} = \underbrace{\frac{\partial}{\partial x_i}\left[\left(\mu + \frac{\mu_t}{\sigma_\epsilon}\right)\frac{\partial \tilde{\epsilon}}{\partial x_i}\right]}_{(b)} + \underbrace{C_{\epsilon 1}\frac{\tilde{\epsilon}}{\tilde{k}}P_k}_{(c)} - \underbrace{C_{\epsilon 2}\bar{\rho}\frac{\tilde{\epsilon}^2}{\tilde{k}}}_{(d)}$$
$$- \underbrace{C_{\epsilon 1}\frac{\tilde{\epsilon}}{\tilde{k}}\overline{u_i''}\frac{\partial \bar{p}}{\partial x_i}}_{(e)} - \underbrace{C_{\epsilon 3}\bar{\rho}\tilde{\epsilon}\frac{\partial \tilde{u}_i}{\partial x_i}}_{(f)} - \underbrace{C_{\epsilon 4}\frac{\tilde{\epsilon}}{\tilde{k}}\overline{p\frac{\partial u_i''}{\partial x_i}}}_{(g)} \tag{III.1.39}$$

où :

- (a), (b), (c) et (d) correspondent respectivement aux termes de transport, de diffusion, de production et de destruction du taux de dissipation turbulente
- (e), (f) et (g) sont des termes additionnels qui apparaissent pour tenir compte effets de variation de la masse volumique du mélange

$$\frac{\partial \bar{\rho}\tilde{\epsilon}}{\partial t} + \frac{\partial \bar{\rho}\tilde{\epsilon}\tilde{u}_i}{\partial x_i} = \frac{\partial}{\partial x_i}\left[\left(\mu + \frac{\mu_t}{\sigma_k}\right)\frac{\partial \tilde{\epsilon}}{\partial x_i}\right] + C_{\epsilon 1}\frac{\tilde{\epsilon}}{\tilde{k}}P_k - C_{\epsilon 2}\bar{\rho}\frac{\tilde{\epsilon}^2}{\tilde{k}}$$
$$- C_{\epsilon 1}\frac{\tilde{\epsilon}}{\tilde{k}}\overline{u_i''}\frac{\partial \bar{p}}{\partial x_i} - C_{\epsilon 3}\bar{\rho}\tilde{\epsilon}\frac{\partial \tilde{u}_i}{\partial x_i} \tag{III.1.40}$$

De la même manière que précédemment, les termes intervenant dans la première ligne sont les mêmes que ceux présents dans l'équation de transport du taux de dissipation de l'énergie cinétique turbulente du modèle $k - \epsilon$ pour les écoulements à masse volumique constante. Les termes additionnels intervenants dans la seconde ligne sont des termes qui apparaissent pour tenir compte, respectivement, des éventuels effets des gradients de pression moyenne, des effets de compression/dilatation et des éventuels effets des fluctuations de pression (que l'on négligera par la suite).

Les constantes employées dans l'équation précédente sont définies par Launder *et al.* [52], qui ont déterminé expérimentalement $C_{\epsilon 1} = 1.44$ et $C_{\epsilon 2} = 1.92$. Cependant, si ces constantes résultent d'un compromis pour fournir une modélisation réaliste d'une grande variété d'écoulements, celles-ci peuvent nécessiter un ajustement. Notamment, dans le cas des jets ronds, le modèle $k - \epsilon$ avec $C_{\epsilon 1} = 1.44$ et $C_{\epsilon 2} = 1.92$ surestime la diffusion radiale, parfois jusqu'à 40% [67], bien qu'il prédise correctement les champs de vitesses dans le cas des jets plans.

Afin d'améliorer les résultats du modèle en ce qui concerne les jets ronds, un certain nombre d'auteurs ont proposé de modifier l'équation Eq. (III.1.40), par exemple en faisant varier les constantes $C_{\epsilon 1}$ et $C_{\epsilon 2}$ en fonction de paramètres de l'écoulement comme le profil de vitesse ou la largeur du jet. Dally *et al.* [18] ont examiné et comparé plusieurs de ces modifications ([62], [67]) du modèle $k - \epsilon$ standard et un modèle $k - \epsilon$ où les constantes $C_{\epsilon 1}$ et $C_{\epsilon 2}$ valent respectivement 1.6 et 1.92. Les résultats les plus proches des données expérimentales ont été obtenus pour $C_{\epsilon 1} = 1.6$.

Finalement les constantes employées ici sont rappelées dans le Tableau III.1.1 ci-dessous :

$C_{\epsilon 1}$	$C_{\epsilon 2}$	$C_{\epsilon 3}$	σ_k	σ_ϵ
1.6	1.92	1.0	1.0	1.31

TABLE III.1.1: Constantes utilisées pour l'équation de transport du taux de dissipation turbulente

1.5 Modélisation de la taille des gouttes

Afin de calculer une taille caractéristique de gouttes, on introduit la variable $\bar{\Sigma}$ qui représente la quantité d'interface liquide/gaz par unité de volume. Cette variable est régie par une équation de transport qui prend en compte la production de surface (fragmentation) et sa destruction (coalescence), et dont la formulation générale est :

$$\frac{\partial \overline{\Sigma}}{\partial t} + \frac{\partial \widetilde{u_i} \overline{\Sigma}}{\partial x_i} = \frac{\partial}{\partial x_i} \left(D_{\overline{\Sigma}} \frac{\partial \overline{\Sigma}}{\partial x_i} \right) + \frac{\overline{\Sigma}}{\tau_c} \left(1 - \frac{\overline{\Sigma}}{\overline{\Sigma}_{eq}} \right) \tag{III.1.41}$$

On notera que la formulation des termes sources/puits permet de créer une densité d'interface à l'équilibre, c'est-à-dire une taille de gouttes stable.

En supposant que le spray peut être représenté par un ensemble de gouttelettes sphériques, le taux de présence du liquide $\overline{Y}$ et la densité d'interface par unité de volume $\overline{\Sigma}$ peuvent respectivement s'exprimer en fonction du nombre de gouttes par unité de volume n et des diamètres caractéristiques d_{20} et d_{30}. Il est alors possible de définir le diamètre moyen de Sauter d_{32} :

$$\begin{cases} \overline{Y} = \frac{\overline{\rho Y}}{\rho_l} = n \frac{1}{6} \pi d_{30}^3 \\ \overline{\Sigma} = n \pi d_{20}^2 \end{cases} \Rightarrow d_{32} = \frac{6 \bar{\rho} \widetilde{Y}}{\rho_l \overline{\Sigma}} \quad \text{et} \quad n = \frac{\rho_l^2 \overline{\Sigma}^3}{36 \pi \bar{\rho}^2 \widetilde{Y}^2} \tag{III.1.42}$$

Par la suite, pour des raisons pratiques, une équation de transport pour la variable $R = \bar{\rho} \widetilde{Y} / \overline{\Sigma}$ sera utilisée à la place d'une équation de transport pour Σ. Ce point sera détaillé dans la section 2.3 du chapitre 2.

Chapitre 2

Densité volumique d'interface liquide/gaz

2.1 Modèle de Vallet et al. (1997)

Comme annoncé précédemment, une variable supplémentaire, représentant la densité volumique d'interface liquide/gaz, est ajoutée au modèle afin de décrire la taille des éléments liquides. Une analogie est faite entre le rôle de la viscosité pour les écoulements turbulents à forts nombres de Reynolds et celui de la capillarité dans le phénomène d'atomisation. Selon la théorie de Kolmogorov, la viscosité est négligeable vis-à-vis des grandes échelles de l'écoulement mais devient dominante dès que les tourbillons atteignent une taille suffisamment petite. En effet, si le nombre de Reynolds turbulent $Re_t = \sqrt{\tilde{k}} l_t / \nu$, où l_t, ν et $\tilde{k}$ représentent respectivement l'échelle des grands tourbillons, la viscosité cinématique du fluide et l'énergie cinétique turbulente, est grand devant l'unité, la viscosité ne joue qu'à l'échelle des petites structures turbulentes. L'échelle de longueur des petites structures, responsables de la dissipation de l'énergie cinétique transférée depuis les gros tourbillons, appelée échelle de Kolmogorov, est alors évaluée en écrivant que le nombre de Reynolds basé sur cette échelle est de l'ordre de l'unité.

De même, on peut définir un nombre de Weber turbulent $We_t = \rho_l \tilde{k} l_t / \sigma$, où ρ_l est la masse volumique du liquide et σ est la tension superficielle. Pour des nombres de Weber turbulents We_t grands devant l'unité, la capillarité ne joue qu'à l'échelle des gouttes. On pourrait également créer un nombre de Weber d'atomisation We_a, de l'ordre de l'unité, associé à une échelle de longueur d'équilibre pour les fragments liquides :

$$We_a = \frac{\rho_l \tilde{k} r_{32eq}}{\sigma} \approx 1 \qquad \text{(III.2.1)}$$

où r_{32eq} est une échelle de longueur d'équilibre des gouttes produites. Cependant, cette expression ne permet pas de représenter les différents mécanismes physiques intervenant durant le processus d'atomisation et on préfère utiliser une équation de transport pour la densité volumique d'interface liquide/gaz $\overline{\Sigma}$.

L'approche proposée par Vallet *et al.* [91] s'inspire de modèles de surface de flamme utilisés en combustion turbulente. Dans le cas de l'atomisation, la variable $\overline{\Sigma}$ ne représente plus la densité d'interface entre carburant et gaz brûlé mais une densité d'interface entre liquide et gaz. Cette approche globale ne suppose pas l'existence de gouttes et permet d'obtenir une description adaptée à la fois à la zone dispersée mais également à la zone dense près de l'injecteur (cœur liquide). L'équation de transport de $\overline{\Sigma}$, initialement proposée par Vallet *et al.* [91] pour l'étude d'un spray Diesel, s'écrit sous la forme suivante :

$$\frac{\partial \overline{\Sigma}}{\partial t} + \frac{\partial \widetilde{u_i}\overline{\Sigma}}{\partial x_i} = \frac{\partial}{\partial x_i}\left(\frac{\nu_t}{\sigma_{\overline{\Sigma}}}\frac{\partial \overline{\Sigma}}{\partial x_i}\right) + (A + a)\,\overline{\Sigma} - V_a\overline{\Sigma}^2 \qquad \text{(III.2.2)}$$

où $\sigma_{\overline{\Sigma}}$ est une constante prise égale à 0.7.

Les termes sources présents dans l'équation représentent différents mécanismes de production et destruction d'interface :

- $A\overline{\Sigma}$ est un terme de production à l'échelle macroscopique, due à l'étirement moyen de l'interface par les gradients de vitesse moyenne de l'écoulement
- $a\overline{\Sigma}$ représente une production d'interface à l'échelle microscopique, d'une part liée à l'étirement de l'interface par les petites échelles turbulentes et d'autre part due aux phénomènes de collisions entre gouttes
- enfin, $V_a\overline{\Sigma}^2$ représente la destruction de l'interface par collisions et coalescence.

2.1.1 Production d'interface

La production de surface à l'échelle macroscopique est liée à l'étirement de celle-ci par les gradients de vitesse moyenne. Le terme A possède la dimension de l'inverse d'un temps caractéristique, qui est choisi proportionnel au temps caractéristique de la production d'énergie cinétique turbulente :

$$A = -\alpha_0 \frac{\widetilde{u_i'' u_j''}}{\widetilde{k}}\frac{\partial \widetilde{u_i}}{\partial x_j} \qquad \text{(III.2.3)}$$

où α_0 est une constante de modélisation, égale à 2.5.

À l'échelle microscopique, on distingue la production d'interface par les petites échelles de la turbulence et par les collisions entre gouttes. Ces deux contributions participant *in fine* à la production microscopique modélisée par le terme $a\overline{\Sigma}$, on écrit :

$$a = a_{turb} + a_{coll} \qquad \text{(III.2.4)}$$

Pour la production d'interface par la turbulence, a_{turb} est proportionnel à l'inverse du temps caractéristique de la turbulence :

$$a_{turb} = \alpha_1 \frac{\widetilde{\epsilon}}{\widetilde{k}} \qquad \text{(III.2.5)}$$

avec α_1 une constante de modélisation prise égale à 0.5.

L'agitation du milieu peut mener à une augmentation du nombre de rencontres entre gouttelettes, conduire au fractionnement et donc à une augmentation de la quantité d'interface. Le terme a_{coll} est défini comme étant proportionnel à l'inverse d'un temps caractéristique de collision, celui-ci étant construit à partir d'une longueur de collision et d'une vitesse caractéristique de collision :

$$a_{coll} \propto \frac{\Delta v_{coll}}{l_{coll}} \qquad \text{(III.2.6)}$$

Δv_{coll} est la vitesse relative des gouttes entrant en collision. La turbulence aux petites échelles (échelle des gouttes) étant responsable de la collision, la relation de Kolmogorov est utilisée :

$$\Delta v_{coll} = (\widetilde{\epsilon}l_{coll})^{1/3} \qquad \text{(III.2.7)}$$

La longueur de collision l_{coll} n'est autre que la distance moyenne entre deux gouttes (centre à centre). Elle est donnée par :

$$l_{coll} = n^{-1/3} \qquad \text{(III.2.8)}$$

où n est le nombre de gouttes par unité de volume, défini par l'équation Eq. (III.1.42).

Le terme a_{coll} s'écrit finalement :

$$a_{coll} = n^{2/9}\tilde{\epsilon}^{1/3} = \alpha_2 C_\mu^{1/2} \frac{1}{(36\pi)^{2/9}} \tilde{\epsilon}^{1/3} \left(\frac{\rho_l}{\bar{\rho}\tilde{Y}}\right)^{4/9} \overline{\Sigma}^{2/3} \qquad (III.2.9)$$

ou, en introduisant l'échelle intégrale de la turbulence $l_t = C_\mu^{3/4}\tilde{k}^{3/2}/\tilde{\epsilon}$ et le temps de retournement des grands tourbillons $\tau_t = \tilde{k}/\tilde{\epsilon}$, l'expression précédente devient :

$$a_{coll} = \frac{\alpha_2}{(36\pi)^{2/9}} \left(l_t\overline{\Sigma}\right)^{2/3} \left(\frac{\rho_l}{\bar{\rho}\tilde{Y}}\right)^{4/9} \tau_t^{-1} \qquad (III.2.10)$$

avec α_2 une constante de modélisation prise égale à 1.

Enfin, l'expression finale du terme de production a est obtenue en faisant la somme des deux expressions a_{turb} et a_{coll} :

$$a = \alpha_1 \frac{\tilde{\epsilon}}{\tilde{k}} + \frac{\alpha_2}{(36\pi)^{2/9}} \left(l_t\overline{\Sigma}\right)^{2/3} \left(\frac{\rho_l}{\bar{\rho}\tilde{Y}}\right)^{4/9} \tau_t^{-1} \qquad (III.2.11)$$

2.1.2 Destruction d'interface

On suppose qu'il existe une taille de gouttes à l'équilibre, c'est-à-dire une taille de gouttes pour laquelle les termes de production et de destruction d'interface se compensent. On a alors, en négligeant le terme $A\overline{\Sigma}$, qui de toute façon devrait être petit loin de la buse :

$$a\overline{\Sigma}_{eq} = V_a\overline{\Sigma}_{eq}^2 \Rightarrow V_a = \frac{a}{\overline{\Sigma}_{eq}} \qquad (III.2.12)$$

où $\overline{\Sigma}_{eq}$ est la valeur de $\overline{\Sigma}$ à l'équilibre, qui peut être définie à partir d'un nombre de Weber :

$$We_a = \frac{\rho_l\tilde{k}r_{32eq}}{\sigma} = \frac{3\bar{\rho}\tilde{Y}\tilde{k}}{\sigma\overline{\Sigma}_{eq}} \approx 1 \qquad (III.2.13)$$

Puis :

$$\overline{\Sigma}_{eq} = \frac{3\bar{\rho}\tilde{Y}}{\rho_l r_{32eq}} \qquad (III.2.14)$$

Le terme V_a s'écrit enfin sous la forme générale suivante :

$$V_a = \frac{a\rho_l r_{32eq}}{3\bar{\rho}\tilde{Y}} \qquad (III.2.15)$$

2.1.3 Equilibre par rapport au spectre d'énergie de la turbulence

Plusieurs expressions sont possibles pour exprimer un rayon d'équilibre. Initialement une analogie était faite avec l'échelle de Kolmogorov pour la turbulence η. Alors que l'échelle de Kolmogorov est exprimée comme

$$Re_{crit} = \frac{\eta u_\eta}{\nu} \approx 1 \qquad (III.2.16)$$

On exprime le rayon d'équilibre à partir d'un nombre de Weber critique, qui est supposé de l'ordre de 1.

$$We_{crit} = \rho_g \frac{r_{32eq}v_c^2}{\sigma} \qquad (III.2.17)$$

Si on suppose que $r_{32eq} > \eta$ (régime inertiel), la vitesse caractéristique est :

$$v_c = \widetilde{k}^{1/2} \left(\frac{r_{32eq}}{l_t} \right)^{1/3} \qquad \text{(III.2.18)}$$

Ce qui conduit au rayon d'équilibre :

$$r_{32eq} = \left(\frac{\sigma}{\rho_g} \right)^{3/5} \frac{l_t^{2/5}}{\widetilde{k}^{3/5}} We_{crit}^{3/5} \qquad \text{(III.2.19)}$$

Et au contraire, si $r_{32eq} < \eta$ (régime visqueux) :

$$v_c = \left(\frac{We_{crit}\sigma}{\rho_g} \right)^{1/2} \left(\frac{l_t \nu}{\widetilde{k}^{3/2}} \right)^{1/12} \qquad \text{(III.2.20)}$$

Le rayon d'équilibre s'exprime alors :

$$r_{32eq} = \left(\frac{\sigma l_t \nu}{\rho_g \widetilde{k}^{3/2}} \right)^{1/3} We_{crit}^{1/3} \qquad \text{(III.2.21)}$$

2.1.4 Equilibre par collision et coalescence

Dans le cas où les mécanismes prédominants sont ceux de fragmentation et coalescence par collision, Vallet *et al.* proposent de construire un rayon d'équilibre en considérant le cas où deux gouttes entrant en collision, dans un système lié à leur centre de masse, entrent en collision provoquant la cassure d'une seule goutte en deux gouttes de taille identique. La conservation de la masse de la goutte cassée en deux gouttes identiques permet d'écrire :

$$\rho_l \frac{4}{3} \pi r_{32i}^3 = 2\rho_l \frac{4}{3} \pi r_{32f}^3 \Rightarrow r_{32f} = 2^{-1/3} r_{32i} \qquad \text{(III.2.22)}$$

En réalité, le r_{32i} n'est autre que le rayon moyen d'équilibre r_{32eq} parce que, en moyenne, les gouttes se fractionnent ou coalescent jusqu'à atteindre ce rayon d'équilibre. En supposant, lors de la collision, que l'énergie cinétique se transforme en énergie surfacique, la conservation de l'énergie totale du système permet d'écrire :

$$\rho_l \frac{4}{3} \pi \, r_{32eq}^3 \left(\Delta v_{coll} \right)^2 + \sigma 4\pi \, r_{32eq}^2 = 2\sigma 4\pi r_{32eq}^2 \left(2^{1/3} - 1 \right) \qquad \text{(III.2.23)}$$

En remplaçant Δv_{coll} par son expression dans Eq. (III.2.7) et l_{coll} par sa formule dans Eq. (III.2.8), on trouve finalement pour r_{32eq} :

$$r_{32eq} = C \frac{\sigma^{3/5} l_t^{2/5}}{\widetilde{k}^{3/5} \rho_l^{3/5}} \left(\frac{\bar{\rho} \widetilde{Y}}{\rho_l} \right)^{2/15} \qquad \text{(III.2.24)}$$

où C est une constante de modélisation prise égale à 3.2. On peut remarquer que cette expression ressemble à l'équation Eq. (III.2.19) présentée précédemment, que l'on aurait pondérée par un terme $\frac{C}{We_{crit}^{3/5}} \left(\frac{\rho_g}{\rho_l} \right)^{3/5} \bar{Y}^{2/15}$.

2.2 Modèle proposé par Beau (2006) et Lebas (2007)

2.2.1 Modèle développé par Beau (2006)

Beau [7] s'appuie sur le modèle développé par Vallet [90] et propose d'ajouter à l'équation de transport de $\overline{\Sigma}$ (Eq. (III.2.2)) un terme Φ_{init} permettant de rendre compte de la production d'interface directement en sortie d'injecteur. Ce terme Φ_{init} est construit en supposant que, en sortie d'injecteur, l'échelle de longueur caractéristique des structures liquides est proportionnelle à l'échelle intégrale de la turbulence l_t (Eq. (III.2.25)). Cependant, ce terme, qui fait intervenir les gradients de la fraction massique liquide $\widetilde{Y}$, devient rapidement faible en comparaison des autres termes présents dans l'équation de transport de la densité d'interface $\overline{\Sigma}$.

$$\Phi_{init} = \frac{12\bar{\rho}\mu_t}{\rho_l\rho_g Sc_t l_t}\frac{\partial\widetilde{Y}}{\partial x_i}\frac{\partial\widetilde{Y}}{\partial x_i} \tag{III.2.25}$$

Par ailleurs, Beau [7] propose de modifier la formulation du terme de production d'interface par collisions a_{coll} en s'inspirant des travaux de Iyer *et al.* ([43], [43], [44]) et construit une fréquence caractéristique de collision à partir d'une longueur caractéristique de collision l_{coll}, d'un différentiel de vitesse caractéristique ΔV_{coll} et d'une section efficace de collision S_{eff} (Eq. (III.2.26)). Cette formulation permet de prendre en compte le fait que les plus petites gouttes, qui possèdent une section efficace plus faible, ont une probabilité de collision plus faible que les plus grosses gouttes.

$$a_{coll} = \frac{S_{eff}\Delta V_{coll}}{l_{coll}^3} \tag{III.2.26}$$

Dans l'équation précédente, la surface efficace de collision est approchée par :

$$S_{eff} == \frac{2}{9}\pi d_{32}^2 = \frac{8\pi\bar{\rho}^2\widetilde{Y}^2}{\rho_l^2\overline{\Sigma}^2} \tag{III.2.27}$$

Comme dans le modèle de Vallet [90], la longueur caractéristique de collision l_{coll} correspond à la distance moyenne entre les gouttes (Eq. (III.2.8)) et est déterminée à partir du nombre de gouttes par unité de volume n (Eq. (III.1.42)).

$$l_{coll} = n^{-1/3} \tag{III.2.28}$$

Le différentiel de vitesse de collision ΔV_{coll} est exprimé en fonction de l'énergie cinétique turbulente du mélange $\widetilde{k}$, et non plus en fonction de la turbulence aux petites échelles estimée à partir de l'hypothèse de Kolmogorov (Eq. (III.2.7)) :

$$\Delta V_{coll} \propto \sqrt{\widetilde{k}} \tag{III.2.29}$$

Enfin le rayon d'équilibre r_{32eq} est déterminé à partir d'un bilan d'énergie sur un système de $N_{initial}$ gouttes par unité de volume de taille caractéristique $d_{initial}$ donnant naissance après collision à N_{final} gouttes par unité de volume de taille d_{final} :

$$N_{initial}\left(\rho_l\frac{\pi}{6}\Delta V_{initial}^2 d_{initial}^3 + \pi\sigma d_{initial}^2\right) = N_{final}\left(\rho_l\frac{\pi}{6}\Delta V_{final}^2 d_{initial}^3 + \pi\sigma d_{final}^2\right) \tag{III.2.30}$$

où $\Delta V_{initial}$ et ΔV_{final} sont respectivement les vitesses caractéristiques de collisions avant et après collision.

Etant donné que pendant le processus de collision la masse de liquide se conserve, l'équation Eq. (III.2.30) conduit à la relation :

$$d_{final} = d_{initial}\frac{1 + We_{final}}{1 + We_{initial}} \tag{III.2.31}$$

où les nombres de Weber avant et après collision sont respectivement définis par $We_{initial} = \rho_l d_{initial} \Delta V_{initial}^2 / \sigma$ et $We_{final} = \rho_l d_{final} \Delta V_{final}^2 / \sigma$.

Considérant que le processus de collision s'arrête lorsque le nombre de Weber final We_{final}, atteint une valeur critique d'équilibre We_{crit}, on obtient une expression pour le diamètre d'équilibre d_{32eq} :

$$d_{32eq} = d_{32} \frac{1 + We_{crit}}{1 + We_{coll}} \tag{III.2.32}$$

où le nombre de Weber collisionnel est pris égal à $We_{coll} = \rho_l d_{32} \Delta V_{coll}^2 / \sigma$ et le nombre de Weber critique est fixé à 15, en se basant sur les travaux de Qian et Law [68].

2.2.2 Modèle développé par Lebas

Lebas [54] reprend les travaux de Beau [7] et regroupe certains termes de l'équation de transport de $\overline{\Sigma}$ en mettant en avant des équilibres entre les différents phénomènes d'atomisation. Par ailleurs, il complète la modélisation proposée par Beau [7] en ajoutant des termes liés à l'atomisation secondaire ou encore à la vaporisation. Finalement, il introduit une fonction pondératrice Ψ afin que certains termes sources/puits de l'équation de transport de $\overline{\Sigma}$ ne jouent que dans la zone dense ou dispersée du spray :

$$\Psi = \begin{cases} 0 & \text{si } \overline{Y} \leq \overline{Y}_{disperse} \\ \frac{\overline{Y} - \overline{Y}_{disperse}}{\overline{Y}_{dense} - \overline{Y}_{disperse}} & \text{si } \overline{Y}_{disperse} < \overline{Y} \leq \overline{Y}_{dense} \\ 1 & \text{si } \overline{Y} > \overline{Y}_{dense} \end{cases} \tag{III.2.33}$$

où : $\overline{Y}_{dense} = 0.5$ et $\overline{Y}_{disperse} = 0.2$.

L'équation de transport de la densité volumique d'interface s'écrit alors :

$$\frac{\partial \overline{\Sigma}}{\partial t} + \frac{\partial \tilde{u}_i \overline{\Sigma}}{\partial x_i} = \frac{\partial}{\partial x_i} \left(\frac{\nu_t}{Sc_t} \frac{\partial \overline{\Sigma}}{\partial x_i} \right) + \Psi \left(\Phi_{init} + \Phi_{turb} \right) + (1 - \Psi) \left(\Phi_{coll.} + \Phi_{2ndBU} \right) + + \Phi_{vapo} + \Phi_{vapo} \tag{III.2.34}$$

où Φ_{init}, Φ_{turb}, $\Phi_{coll.}$, Φ_{2ndBU} et Φ_{vapo} représentent respectivement les mécanismes responsables de l'atomisation très proche de l'injecteur, par la turbulence, par collision, par les mécanismes d'atomisation secondaire et par la vaporisation.

Sans rentrer dans le détail de l'expression de chacun des termes présents dans l'équation précédente, le terme source permettant de tenir compte des mécanismes d'atomisation secondaire est inspiré des modèles Lagrangiens [66]. Ce terme s'écrit, avec les notations de Beau :

$$\Phi_{2ndBU} = Max \left[\frac{\overline{\Sigma}}{\tau_{2ndBU}} \left(1 - \frac{\overline{\Sigma}}{\overline{\Sigma}_{crit}} \right) ; 0 \right] \tag{III.2.35}$$

où Σ_{crit} est construit à partir d'un nombre de Weber critique pris égal à 12 : $\overline{\Sigma}_{crit} = \frac{6\rho_g u_{rel}^2 \tilde{Y}}{\rho_l \sigma We_{crit}}$. τ_{2ndBU} représente le temps caractéristique d'atomisation, qui est donné par la relation :

$$\tau_{2ndBU} = T \frac{d_l}{u_{rel}} \sqrt{\frac{\rho_l}{\rho_g}} \tag{III.2.36}$$

où T est un facteur permettant de rendre compte des différents rigimes d'atomisation secondaire, qui sont classifiés selon le nombre de Weber gazeux We_g :

$$T = \begin{cases} 6\left(We_g - 12\right)^{-0.25} & \text{pour } We_{crit} \leq We_g < 18 \\ 2.45\left(We_g - 12\right)^{0.25} & \text{pour } 18 \leq We_g < 45 \\ 14.1\left(We_g - 12\right)^{-0.25} & \text{pour } 45 \leq We_g < 351 \\ 0.766\left(We_g - 12\right)^{0.25} & \text{pour } 351 \leq We_g < 2670 \\ 5 & \text{pour } We_g \geq 2670 \end{cases} \qquad \text{(III.2.37)}$$

2.3 Equation de transport de la variable R

Afin de pouvoir implémenter l'équation de transport présentée dans la section 2.1 dans le code parabolique *GENMIX* décrit dans la section 4.2 du chapitre 4, Kadem [46] reprend les travaux de Vallet [90] en réécrivant l'équation de transport de $\overline{\Sigma}$ pour la variable $R = \frac{\bar{\rho}\widetilde{Y}}{\overline{\Sigma}}$. Dans la zone dispersée du spray, cette variable est proportionnelle au diamètre moyen de Sauter des gouttes : $d_{32} = \frac{6}{\rho_l}R$. On notera cependant que par construction cette variable R est définie partout, et existe notamment dans la partie dense du jet.

A partir de la définition de la variable R, on peut écrire :

$$\frac{D\bar{\rho}R}{Dt} = \bar{\rho}\frac{DR}{Dt} = \frac{\bar{\rho}}{\overline{\Sigma}}\frac{D\bar{\rho}\widetilde{Y}}{Dt} - \frac{\bar{\rho}^2\widetilde{Y}}{\overline{\Sigma}^2}\frac{D\overline{\Sigma}}{Dt} \qquad \text{(III.2.38)}$$

L'équation de transport de R dépend donc de celles de la fraction massique liquide $\widetilde{Y}$ (Eq. (III.1.18)) et de celle de $\overline{\Sigma}$ (Eq. (III.1.41)). En réintroduisant les équations Eq. (III.1.18) et Eq. (III.1.41), on obtient :

$$\frac{D\bar{\rho}R}{Dt} = \underbrace{-\frac{\bar{\rho}}{\overline{\Sigma}}\frac{\partial\widetilde{\bar{\rho}u_i''Y''}}{\partial x_i} - \frac{\bar{\rho}^2\widetilde{Y}}{\overline{\Sigma}^2}\frac{\partial}{\partial x_i}\left(\frac{\nu_t}{\sigma_\Sigma}\frac{\partial\overline{\Sigma}}{\partial x_i}\right)}_{D_\Sigma} + \bar{\rho}^2\widetilde{Y}\overline{Y}V_a - (a+A)\,\bar{\rho}\overline{Y}R \qquad \text{(III.2.39)}$$

où le terme D_Σ est modélisé par un terme de diffusion en gradient, dont le nombre de Schmidt turbulent sera pris égal à celui de la fraction massique liquide $\widetilde{Y}$:

$$D_\Sigma = \frac{\partial}{\partial x_i}\left(\frac{\mu_t}{\sigma_Y}\frac{\partial R}{\partial x_i}\right) \qquad \text{(III.2.40)}$$

Finalement, l'équation de transport R s'écrit sous la forme :

$$\frac{\partial R}{\partial t} + \frac{\partial\widetilde{u}_iR}{\partial x_i} = \frac{\partial}{\partial x_i}\left(\frac{\mu_t}{\sigma_Y}\frac{\partial R}{\partial x_i}\right) + \bar{\rho}^2\widetilde{Y}\overline{Y}V_a - (a+A)\,\bar{\rho}\overline{Y}R \qquad \text{(III.2.41)}$$

Chapitre 3

Fermeture des flux turbulents des fluctuations de fraction massique

3.1 Fermeture au premier ordre

L'équation de transport de la fraction massique, présentée dans la section 1.3.3 du chapitre 1, fait apparaître des flux turbulents $\widetilde{\bar{\rho} u_i'' Y''}$ qui nécessitent d'être fermés. Une formulation algébrique est souvent employée par analogie avec la loi de Fick. L'expression du flux turbulent de la fraction massique est ainsi couramment approchée par une loi de type premier gradient, qui constitue une fermeture au premier ordre :

$$-\widetilde{\bar{\rho} u_i'' Y''} = \frac{\mu_t}{Sc_t} \frac{\partial \tilde{Y}}{\partial x_i} \tag{III.3.1}$$

où μ_t est la viscosité turbulente et Sc_t le nombre de Schmidt turbulent, qui est une constante prise, selon les auteurs, égale à 0.7 [58] ou 0.9 [46]. Cependant, comme pointé par Belhadef [8], cette modélisation peut-être inadaptée pour des écoulements anisotropes. De plus, le nombre de Schmidt turbulent est supposé indépendant du rapport de masses volumiques. Beau [7] et Lebas [54] ont également montré que cette fermeture était limitée lorsque le glissement entre phases était prépondérant devant le mouvement moyen.

Afin de mieux prendre en compte l'anisotropie de la turbulence, Belhadef [8] et Trask [89] proposent d'utiliser une expression faisant intervenir les composantes du tenseur de Reynolds $\widetilde{u_i'' u_j''}$:

$$-\widetilde{\bar{\rho} u_i'' Y''} = C_Y \bar{\rho} \frac{\tilde{k}}{\tilde{\epsilon}} \widetilde{u_i'' u_j''} \frac{\partial \tilde{Y}}{\partial x_i} \tag{III.3.2}$$

où C_Y est fixée par Belhadef [8] à 0.9.

Enfin, Demoulin et al. [20], en s'appuyant les travaux de Silvani et al. [78], proposent de tenir compte d'une dépendance du nombre de Schmidt turbulent avec le rapport de masses volumiques local et aboutissent à la fermeture au premier ordre décrite par l'équation Eq. (III.3.3).

$$-\widetilde{\bar{\rho} u_i'' Y''} = \left[\frac{\mu_t}{Sc_t} + C_p \frac{\tilde{k}^2}{\tilde{\epsilon}} \bar{\rho}^2 \left(\frac{1}{\rho_g} - \frac{1}{\rho_l} \right) \tilde{Y} \left(1 - \tilde{Y} \right) \right] \frac{\partial \tilde{Y}}{\partial x_i} \tag{III.3.3}$$

où C_p est une constante prise égale à 1.8.

3.2 Fermeture au deuxième ordre

3.2.1 Modèle de Vallet et Borghi [90]

Au lieu de fermer les flux turbulents $\widetilde{\overline{\rho u_i'' Y''}}$ avec une loi de type gradient (Eq. (III.3.1)),
il est possible de construire une équation de transport pour chacun des flux turbulents $\overline{\rho u_i'' Y''}$
(Eq. (III.3.4)). Cette équation, proposée par Vallet $et\ al.$ [91], est obtenue à partir des équations
de conservation de la fraction massique liquide et de la quantité de mouvement ([90], [46] et
[58]).

$$\frac{\partial \overline{\rho u_i'' Y''}}{\partial t} + \frac{\partial \widetilde{u}_j \overline{\rho u_i'' Y''}}{\partial x_j} = - \frac{\partial}{\partial x_j} \left(\overline{\rho u_i'' u_j'' Y''} + \overline{p' Y''} \delta_{ij} \right)$$
$$- \overline{\rho u_j'' Y''} \frac{\partial \widetilde{u}_i}{\partial x_j} - \overline{\rho u_i'' u_j''} \frac{\partial \widetilde{Y}}{\partial x_j} - \overline{Y''} \frac{\partial \overline{p}}{\partial x_i} + \overline{p' \frac{\partial Y''}{\partial x_i}} \tag{III.3.4}$$

L'expression de $\overline{Y''}$ est similaire à celle de $\overline{u''}$ (Eq. (III.1.34)) :

$$\overline{Y''} = \overline{Y} - \widetilde{Y} = \overline{\rho} \widetilde{Y} \left(1 - \widetilde{Y} \right) \left(\frac{1}{\rho_l} - \frac{1}{\rho_g} \right) \tag{III.3.5}$$

En se référant à Bailly et al. [6], le terme de diffusion et l'avant dernier terme de l'équation
Eq. (III.3.4) peuvent être modélisés respectivement par les équations Eq. (III.3.6) et Eq. (III.3.7)
ci-dessous :

$$\left(\overline{\rho u_i'' u_j'' Y''} + \overline{p' Y''} \delta_{ij} \right) = - C_{Y1} \overline{\rho} \frac{\widetilde{k}}{\widetilde{\epsilon}} \widetilde{u_j'' u_k''} \frac{\partial \widetilde{u_i'' Y''}}{\partial x_k} \tag{III.3.6}$$

avec $C_{Y1} = 0.18$, et :

$$\overline{p' \frac{\partial Y''}{\partial x_i}} = - C_{Y2} \frac{\widetilde{\epsilon}}{\widetilde{k}} \overline{\rho u_i'' Y''} + C_{Y3} \overline{\rho u_j'' Y''} \frac{\partial \widetilde{u}_i}{\partial x_j} + C_{Y4} \overline{Y''} \frac{\partial \overline{p}}{\partial x_i} \tag{III.3.7}$$

où $C_{Y2} = 5$, $C_{Y3} = 0.5$ et $C_{Y4} = 0.5$.

L'équation de transport des flux turbulents $\overline{\rho u_i'' Y''}$ s'écrit finalement :

$$\frac{\partial \overline{\rho u_i'' Y''}}{\partial t} + \frac{\partial \widetilde{u}_j \overline{\rho u_i'' Y''}}{\partial x_j} = - \underbrace{\frac{\partial}{\partial x_j} \left(C_{Y1} \overline{\rho} \frac{\widetilde{k}}{\widetilde{\epsilon}} \widetilde{u_j'' u_k''} \frac{\partial \widetilde{u_i'' Y''}}{\partial x_k} \right)}_{(a)}$$
$$\underbrace{- \overline{\rho u_i'' u_j''} \frac{\partial \widetilde{Y}}{\partial x_j}}_{(b)} \underbrace{- (1 - C_{Y3}) \overline{\rho u_j'' Y''} \frac{\partial \widetilde{u}_i}{\partial x_j}}_{(c)} \underbrace{- (1 - C_{Y4}) \overline{Y''} \frac{\partial \overline{p}}{\partial x_i}}_{(d)} \underbrace{- C_{Y2} \frac{\widetilde{\epsilon}}{\widetilde{k}} \overline{\rho u_i'' Y''}}_{(e)} \tag{III.3.8}$$

Dans l'équation Eq. (III.3.8) ci-dessus,
- (a) correspond à la diffusion turbulente des fluctuations de masse
- (b), (c) et (d) sont respectivement des termes de production par le gradient de fraction
  massique, par le gradient de vitesse moyenne et par le gradient de pression moyenne
- (e) est un terme de destruction dans lequel intervient le temps de retournement des gros
  tourbillons $\tau_t = \frac{\widetilde{k}}{\epsilon}$

Si on suppose que localement les termes de production et de destruction des flux turbulents $\widetilde{\rho u_i'' Y''}$ sont prédominants et se compensent, il est possible d'écrire une relation algébrique reliant ces flux turbulents aux gradients de fraction massique, de vitesse moyenne et de pression moyenne :

$$-\widetilde{\rho u_i'' Y''} = \frac{\tau_t}{C_{Y2}} \left[\widetilde{\rho u_i'' u_j''} \frac{\partial \widetilde{Y}}{\partial x_j} + (1 - C_{Y3}) \widetilde{\rho u_j'' Y''} \frac{\partial \widetilde{u}_i}{\partial x_j} + (1 - C_{Y4}) \overline{Y''} \frac{\partial \overline{p}}{\partial x_i} \right] \qquad \text{(III.3.9)}$$

Le jet étant un écoulement de type couche limite, la vitesse radiale peut être supposée négligeable vis-à-vis de la vitesse axiale et les gradients dans la direction axiale peuvent être négligés devant les gradients transversaux (approximation de couche limite). En appliquant cette approximation sur les équations de transport des flux turbulents dans la direction axiale $\widetilde{\rho u'' Y''}$ et radiale $\widetilde{\rho v'' Y''}$, on obtient le système d'équations :

$$\begin{cases} -\widetilde{\rho u'' Y''} = \frac{\tau_t}{C_{Y2}} \left[\widetilde{\rho u'' v''} \frac{\partial \widetilde{Y}}{\partial r} + (1 - C_{Y3}) \widetilde{\rho v'' Y''} \frac{\partial \widetilde{u}}{\partial r} \right] \\[2mm] -\widetilde{\rho v'' Y''} = \frac{\tau_t}{C_{Y2}} \left[\widetilde{\rho v'' v''} \frac{\partial \widetilde{Y}}{\partial r} + (1 - C_{Y4}) \overline{Y''} \frac{\partial \overline{p}}{\partial r} \right] \end{cases} \qquad \text{(III.3.10)}$$

On peut remarquer que, si les gradients de pression sont négligés, la fermeture au premier ordre (Eq. (III.3.2)) peut être retrouvée pour le flux $\widetilde{\rho v'' Y''}$, qui est responsable de la diffusion de la fraction massique liquide :

$$-\widetilde{\rho v'' Y''} = \frac{1}{C_{Y2}} \frac{\widetilde{k}}{\widetilde{\epsilon}} \widetilde{\rho v'' v''} \frac{\partial \widetilde{Y}}{\partial r} \qquad \text{(III.3.11)}$$

Par ailleurs, pour un jet de gaz dans du gaz, les corrélations de fluctuations de vitesses radiales $\widetilde{v'' v''}$ sont de l'ordre de $\widetilde{k}/2$ [39]. Remplacer $\widetilde{v'' v''}$ par $\widetilde{k}/2$ dans l'équation III.3.11 permet de retrouver l'équation de fermeture au premier ordre présentée dans l'équation Eq. (III.3.1).

3.2.2 Approche « quasi-multiphasique »

Durant sa thèse, Beau [7] s'inspire des travaux de Ishii [41; 42] et Drew [21], et propose de faire apparaître explicitement les forces de frottement exercées sur le liquide $\overline{F}_{\text{traînée},i}$ comme terme de destruction du flux de diffusion turbulente dans l'équation de transport des flux turbulents de fraction massique $\widetilde{\rho u_i'' Y''}$:

$$\frac{\partial \widetilde{\rho u_i'' Y''}}{\partial t} + \frac{\partial \widetilde{u}_j \widetilde{\rho u_i'' Y''}}{\partial x_j} = \frac{\partial}{\partial x_j} \left(\frac{\mu_t}{Sc_t} \frac{\partial \widetilde{u_i'' Y''}}{\partial x_i} \right)$$
$$-C_1 \widetilde{\rho u_j'' Y''} \frac{\partial \widetilde{u}_i}{\partial x_j} - C_2 \widetilde{\rho u_i'' u_j''} \frac{\partial \widetilde{Y}}{\partial x_j} - C_3 \overline{Y''} \frac{\partial \overline{p}}{\partial x_i} + C_4 \overline{F}_{\text{traînée},i} \qquad \text{(III.3.12)}$$

où C_1, C_2, C_3 et C_4 sont des constantes de modélisation respectivement fixées par Beau [7] aux valeurs 1, 1, 0 et 4.

Pour modéliser la force de traînée, Beau [7] s'appuie sur les formulations développées par Simonin [80] pour généraliser la loi de Schiller-Naumann [77; 17], qui tient compte de l'évolution du coefficient de traînée C_D avec le nombre de Reynolds des gouttes $Re_d = \left(\frac{\left\| \overline{u_{l,i}} - \overline{u_{g,i}} - v_{D,i} \right\| d_l}{\nu_g} \right)$,

où d_l est un diamètre caractéristique de la population de gouttes qui, en première approximation, peut être pris égal au diamètre moyen de Sauter d_{32} et qu'on peut alors calculer à l'aide de la relation Eq. (III.1.42) :

$$F_{\text{traînée},i} = -18\rho_g\nu_g \frac{\overline{Y}}{d_l^2}\left(\overline{u_{l,i}} - \overline{u_{g,i}} - v_{D,i}\right)\left(1 + 0.15Re_d^{0.687}\right) \tag{III.3.13}$$

où $v_{D,i}$ représente une vitesse de dérive qu'il convient de modéliser, tandis que la vitesse de glissement est calculée par l'expression Eq. (III.1.19) présentée au chapitre 1.

La vitesse de dérive V_D est exprimée en fonction de la fraction massique et du gradient de fraction massique [80] par :

$$V_{D,i} = -\frac{D_{diff}}{\overline{Y}(1-\overline{Y})}\frac{\partial\overline{Y}}{\partial x_i} = -\frac{D_{diff}}{\widetilde{Y}(1-\widetilde{Y})}\frac{\partial\widetilde{Y}}{\partial x_i} \tag{III.3.14}$$

avec D_{diff} un coefficient de diffusion turbulente qui nécessite, lui aussi, d'être modélisé.

Si, comme à la sous-section 3.2.1, on suppose que les termes de production et de destruction des flux turbulents de fraction massique de l'équation Eq. (III.3.12) sont prépondérants et se compensent localement, et en se plaçant dans le cadre de l'approximation de couche limite, la fermeture proposée par Beau [7] pour le flux $\bar{\rho}\widetilde{v''Y''}$ devient :

$$-\bar{\rho}\widetilde{v''Y''} = \left[\bar{\rho}D_{diff} + \frac{C_2}{C_4}\left(1 - \widetilde{Y}\right)\bar{\rho}\widetilde{v''v''}\tau_R\right]\frac{\partial\widetilde{Y}}{\partial r} + \frac{C_3}{C_4}\bar{\rho}\left(\frac{1}{\rho_l} - \frac{1}{\rho_g}\right)\widetilde{Y}\left(1 - \widetilde{Y}\right)^2\tau_R\frac{\partial\overline{p}}{\partial r} \tag{III.3.15}$$

où τ_R est le temps de relaxation des gouttes, défini comme :

$$\tau_R = \frac{\rho_l d_{32}^2}{18\mu_g}\left(1 + 0.15Re_d^{0.687}\right)^{-1} \tag{III.3.16}$$

Le coefficient de diffusion turbulente D_{diff} apparaît donc directement dans la fermeture des flux turbulents $\bar{\rho}\widetilde{v''Y''}$. La modélisation de ce terme est délicate car celui-ci dépend de l'intéraction entre les gouttes et le fluide porteur [80] et fait intervenir un temps caractéristique de la turbulence du gaz vue par les gouttes et la corrélation des vitesses des gouttes avec les vitesses du gaz. Enfin, cette fermeture introduit un couplace entre les équations liées à la dispersion du liquide et l'équation de transport de la densité volumique d'interface $\overline{\Sigma}$ qui rend d'autant plus difficile la modélisation et les calculs numériques.

3.3 Conclusion

Par la suite, l'équation de fermeture Eq. (III.3.1) sera utilisée. Les résultats expérimentaux, présentés au chapitre 1 de la partie IV, montrent une plus forte anisotropie entre les composantes du tenseurs de Reynolds que ce qui est observé habituellement sur des jets monophasiques. Afin de tenir compte de cette anisotropie dans le calcul de la dispersion du liquide, le nombre de Schmidt turbulent σ_Y associé à la variable $\widetilde{Y}$ sera pris égal à 5.5.

$$-\bar{\rho}\widetilde{u_i''Y''} = \frac{\mu_t}{\sigma_Y}\frac{\partial\widetilde{Y}}{\partial x_i} \tag{III.3.17}$$

Chapitre 4

Résolution numérique

4.1 *ANSYS Fluent*

Le modèle a tout d'abord été implémenté sous *ANSYS Fluent* à travers l'ajout de « User Defined Functions », décrites dans [8]. Cependant, de grandes difficultés ont été rencontrées quant à la convergence des calculs. En effet, les calculs effectués ont montré une grande sensibilité à l'initialisation du calcul, aux coefficients de sous-relaxation employés et aux conditions aux limites. Les difficultés de convergence et le nombre de mailles requis par la taille du domaine de calcul, même pour des calculs bidimensionnels axisymétriques, ont ainsi nécessité des temps de calcul importants. De plus la convergence était rarement atteinte. Afin d'améliorer la stabilité du calcul, différentes stratégies ont été développées. L'une d'elle, consistant à converger pour des petits rapports de masses volumiques et à augmenter progressivement ce rapport, est décrite dans l'Annexe B. Cette stratégie a permis d'obtenir des résultats stables et convergés jusqu'à un rapport de masses volumiques égal à 30, ce qui correspond aux conditions numériques des calculs effectués avec ce modèle sur d'autres codes (*KIVA II*, *AVL Fire*) par Beau [7] et Lebas [54].

Dans tous les cas, les résultats obtenus avec la paramétrisation du modèle proposée par Kadem [46], pour un rapport de masse volumique $\rho_l/\rho_g = 880$, montrent une surestimation de la dispersion du jet, ce qui est illustré FIG. III.4.1, où est représenté le profil de la concentration volumique liquide sur l'axe. Ces résultats sont issus des rares calculs ayant atteints la convergence sous *ANSYS Fluent* et correspondent à l'application du modèle employé par Kadem [46] à l'asperseur étudié dans cette thèse. On constate que la concentration volumique liquide décroît beaucoup trop fortement sur l'axe par rapport aux mesures expérimentales présentées au chapitre 1 de la partie IV. A titre d'exemple, la concentration volumique liquide mesurée expérimentalement à 206 diamètres de buse est de l'ordre de 25%.

Afin de s'affranchir des difficultés numériques (convergence, temps de calculs, instabilités numériques), un code parabolique, *GENMIX*, a par la suite été utilisé. Ce code de calcul a montré un très bon accord avec les résultats obtenus sous Fluent pour la paramétrisation du modèle proposé par Kadem [46] et présentés précédemment. Le code *GENMIX* sera décrit dans la section 4.2.

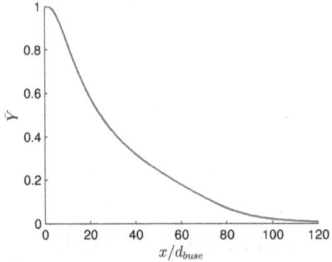

FIGURE III.4.1: Profil de la concentration volumique liquide sur l'axe

4.2 *GENMIX*

GENMIX est un code parabolique bidimensionnel développé par Spalding [83]. Les codes paraboliques sont particulièrement adaptés aux écoulements de type « couche limite », c'est-à-dire lorsque l'écoulement présente une direction prédominante sans recirculations et lorsque les transferts de quantité de mouvement, de masse et de chaleur se font dans la direction perpendiculaire à la direction principale de l'écoulement. Ces hypothèses constituent l' « approximation de couche limite » et reviennent à considérer que la composante transverse de la vitesse $\tilde{v}$ est négligeable devant la vitesse longitudinale $\tilde{u}$ et que les dérivées dans la direction transverse sont grandes devant les dérivées dans la direction longitudinale, soit :

$$\left\{ \begin{array}{ccc} v & << & u \\ \frac{\partial}{\partial x} & << & \frac{\partial}{\partial r} \end{array} \right. \tag{III.4.1}$$

De plus, nous ferons par la suite l'hypothèse d'un écoulement axisymétrique et les effets gravitationnels seront donc négligés. L'écoulement sera également supposé stationnaire.

4.2.1 Système de coordonnées

Les repères cartésiens, couramment employés dans les méthodes de volumes finis, sont peu adaptés aux écoulements de couche limite. En effet, la discrétisation est alors peu performante puisque le nombre de noeuds dans la direction transverse varie avec l'accroissement de l'épaisseur de la couche limite. Par exemple, un maillage fin adapté à la zone amont de la couche limite sera inadapté et inutile pour représenter la zone avale de cette couche. Au contraire, un maillage destiné à l'aval de l'écoulement sera trop grossier pour la région amont. La démarche adoptée dans *GENMIX* consiste à utiliser comme coordonnée transverse la fonction de courant adimensionnelle ω, qui est définie par l'équation Eq. (III.4.2) à partir de la fonction de courant Ψ de l'écoulement :

$$\omega = \frac{\Psi - \Psi_I}{\Psi_E - \Psi_I} = \frac{\Psi}{\Psi_E} \tag{III.4.2}$$

où Ψ_I et Ψ_E sont respectivement les valeurs de la fonction de courant Ψ sur l'axe de symétrie et à l'extérieur de la couche limite. Celles-ci sont prises comme fonctions uniquement de la coordonnée axiale x. Ψ_I, située sur l'axe de symétrie, est supposée nulle. La définition de la variable ω permet ainsi d'avoir une coordonnée comprise entre zéro et l'unité dans l'intégralité de la couche limite.

Pour un écoulement axisymétrique, les lignes de courant Ψ sont définies par le système d'équations III.4.3. L'utilisation du système de coordonnée (x, Ψ), et *a fortiori* (x, ω), permet, outre une meilleure efficacité de la discrétisation numérique, de s'affranchir de l'équation de continuité (Patankar et Spalding [65]), celle-ci étant automatiquement satisfaite.

$$\begin{cases} \widetilde{\rho}\widetilde{u}r & = \frac{\partial \Psi}{\partial r} \\ \widetilde{\rho}\widetilde{v}r & = -\frac{\partial \Psi}{\partial x} \end{cases} \tag{III.4.3}$$

où x et r représentent respectivement les coordonnées axiales et radiales dans un repère cartésien.

A partir des définitions précédentes, la variable transverse r peut s'exprimer en fonction de x et ω comme :

$$r(x, \omega) = \Psi_E(x) \int_0^\omega \frac{d\omega}{\widetilde{\rho}(\omega)\widetilde{u}(\omega)} \tag{III.4.4}$$

Enfin, l'acroissement de la fonction de courant à l'extérieur de la couche limite Ψ_E est fonction du taux de transfert de masse à travers la surface extérieure de la couche :

$$\frac{d\Psi_E}{dx} = -r_E \dot{m}_E \tag{III.4.5}$$

où $\dot{m}_E$ et r_E sont respectivement le débit surfacique que la couche limite acquiert de la part de l'écoulement extérieur et la coordonnée radiale de la frontière extérieure.

4.2.2 Equations de transport

Pour un écoulement axisymétrique, en appliquant les approximations de couches limites présentées précédemment et en écrivant les équations dans le système de coordonnées (x, ω), les équations de transport de la quantité de mouvement, de l'énergie cinétique turbulente, du taux de dissipation turbulente, de la fraction massique liquide et de la variable R peuvent toutes s'écrire sous la forme :

$$\frac{\partial \Phi}{\partial x} + (a + b\omega)\frac{\partial \Phi}{\partial \omega} = \frac{\partial}{\partial \omega}\left(c\frac{\partial \Phi}{\partial \omega}\right) + d \tag{III.4.6}$$

où les coefficients a, b, c et d s'écrivent :

$$\begin{cases} a = 0 \\ b = \frac{r_E \dot{m}_E}{\Psi_E} \\ c = \frac{r^2 \widetilde{\rho}\widetilde{u}\mu_{\text{eff}}}{\Psi_E^2 \sigma_\Phi} \\ d = -\frac{1}{\rho u}S_\Phi \end{cases} \tag{III.4.7}$$

Dans le système d'équation précédent, $\mu_{\text{eff}} = \mu + \mu_t$ désigne la viscosité efficace du fluide, σ_Φ est le nombre de Schmidt associé à la variable Φ et S_Φ représente les termes sources intervenant dans l'équation de transport de la variable Φ. Enfin, on notera que dans sa version actuelle le code *GENMIX* ne résout pas d'équation de transport pour la quantité de mouvement dans la direction radiale.

4.2.3 Résolution des équations

Le détail de la méthode de discrétisation et de l'algorithme de résolution ne sera pas présenté ici. Ces points sont détaillés de manière succinte dans [46] et une présentation complète de ces aspects numériques peut être trouvée dans [65], [83] et [64]. La méthode de résolution repose sur le fait que, pour des nombres de Peclet élevés, c'est-à-dire lorsque la convection de la masse est dominante par rapport à la diffusion, l'écoulement aval n'a aucune influence sur l'écoulement amont. Cette constatation permet de résoudre les équations en avançant pas à pas, ou « en marchant ». Pour une position axiale donnée x, les différentes variables sont calculées dans la direction transverse en fonction des valeurs des variables aux nœuds situés en $x - \Delta x$, Δx étant le pas de discrétisation dans la direction axiale. Dans la pratique cette méthode de résolution est très rapide puisque aucune correction itérative n'est nécessaire : la résolution est complète lorsque l'extrémité avale de la grille est atteinte.

4.2.4 Conditions aux limites

a/ A l'entrée du domaine (sortie de buse)

Initialement, dans le code *GENMIX*, il n'était pas possible d'imposer des profils continus en entrée du domaine et seuls des profils constants par blocs (jusqu'à 3 blocs) étaient envisageables. En effet, la position des nœuds du maillage est directement calculée par le code de calcul, à partir des profils de vitesse et de fraction massique.

Un code a été développé sous *Matlab* afin de pouvoir prendre en compte des profils continus plus réalistes. A partir des profils définis comme étant des fonctions de la position radiale r, ce code permet de prédire la position des nœuds du maillage qui seront générés par *GENMIX*. Les profils sont alors interpolés sur ces nœuds, puis exportés dans un fichier. Enfin, ce fichier contenant les profils d'entrée est lu par le code *Genmix* durant l'initialisation des variables.

b/ Sur l'axe de symétrie

La frontière I du domaine correspond à l'axe de symétrie. Sur cette frontière, le gradient de toutes les variables transportables est nul et une condition aux limites de Neumann est imposée :

$$\left.\frac{\partial \Phi}{\partial \omega}\right|_I = 0 \qquad\qquad (III.4.8)$$

c/ A la frontière libre

La frontière extérieure de la couche limite E évolue avec la distance à la buse afin de couvrir la couche dans son ensemble, là où les variables évoluent de manière significatives. Sur la frontière E, une condition aux limites de Neumann est donc également utilisée :

$$\left.\frac{\partial \Phi}{\partial \omega}\right|_E = 0 \qquad\qquad (III.4.9)$$

4.3 Modification du code de calcul

4.3.1 Calcul de la vitesse radiale

Comme annoncé précédemment, le code *GENMIX* ne résout pas l'équation de transport de la quantité de mouvement dans la direction radiale. Cependant, il est possible d'obtenir une expression algébrique de celle-ci à partir de la définition des lignes de courant :

$$\begin{cases} \tilde{v} = -\frac{1}{\bar{\rho} r}\frac{\partial \Psi}{\partial x} & \text{pour } r > 0 \\ \tilde{v} = 0 & \text{pour } r = 0 \end{cases} \qquad\qquad (III.4.10)$$

Or, à partir de l'équation Eq. (III.4.2), on peut écrire :

$$\frac{\partial \Psi}{\partial x} = \omega \frac{d\Psi_E}{dx} + \Psi_E \frac{\partial \omega}{\partial x} \qquad\qquad (III.4.11)$$

L'équation Eq. (III.4.11) ci-dessus peut être réexprimée si on considère une ligne où la variable ω serait constante. En effet dans ce cas :

$$d\omega = \frac{\partial \omega}{\partial x}dx + \frac{\partial \omega}{\partial r}dr = 0 \qquad \text{(III.4.12)}$$

Puis réinjectant les équations Eq. (III.4.11) et Eq. (III.4.12), il vient :

$$\frac{\partial \Psi}{\partial x} = \omega \frac{d\Psi_E}{dx} - \Psi_E \frac{\partial \omega}{\partial r}\frac{dr}{dx} \qquad \text{(III.4.13)}$$

Et finalement, en réinjectant l'équation Eq. (III.4.5), la vitesse radiale $\tilde{v}$ s'obtient par :

$$\tilde{v} = \frac{1}{r\bar{\rho}}\left[\omega r_E \dot{m}_E + \Psi_E \frac{\partial \omega}{\partial r}\frac{dr}{dx}\right] \qquad \text{(III.4.14)}$$

4.3.2 Calcul de la divergence de la vitesse

Afin de pouvoir calculer les composantes du tenseur de Reynolds à partir de la relation de Boussinesq, il est nécessaire d'exprimer la divergence de la vitesse. En effet, celle-ci n'est pas nulle dans le cas d'un écoulement à masse volumique variable. A partir du système d'équation III.4.3 définissant les fonctions de courant, on écrit :

$$\frac{\partial \tilde{u}}{\partial x} + \frac{1}{r}\frac{\partial r\tilde{v}}{\partial r} = \frac{1}{r\bar{\rho}^2}\left[\frac{\partial \Psi}{\partial x}\frac{\partial \bar{\rho}}{\partial r} - \frac{\partial \Psi}{\partial r}\frac{\partial \bar{\rho}}{\partial x}\right] \qquad \text{(III.4.15)}$$

Or, les dérivées de la masse volumique du mélange peuvent s'exprimer en fonction des dérivées de la fraction massique liquide par la relation :

$$\frac{\partial \bar{\rho}}{\partial x_i} = \bar{\rho}^2\left(\frac{1}{\rho_g} - \frac{1}{\rho_l}\right)\frac{\partial \tilde{Y}}{\partial x_i} \qquad \text{(III.4.16)}$$

On obtient l'équation ci-dessous :

$$\frac{\partial \tilde{u}}{\partial x} + \frac{1}{r}\frac{\partial r\tilde{v}}{\partial r} = \frac{1}{r}\left(\frac{1}{\rho_g} - \frac{1}{\rho_l}\right)\left[\frac{\partial \Psi}{\partial x}\frac{\partial \tilde{Y}}{\partial r} - \frac{\partial \Psi}{\partial r}\frac{\partial \tilde{Y}}{\partial x}\right] \qquad \text{(III.4.17)}$$

Numériquement, les nœuds du maillage se situent sur des lignes où la variable ω est constante, et il convient donc de réexprimer la dérivées en x de $\tilde{Y}$:

$$\left.\frac{\partial \tilde{Y}}{\partial x}\right|_r = \left.\frac{\partial \tilde{Y}}{\partial x}\right|_\omega + \left.\frac{\partial \omega}{\partial x}\right|_r \left.\frac{\partial \tilde{Y}}{\partial \omega}\right|_x \qquad \text{(III.4.18)}$$

Enfin, en suivant le même développement que celui présenté dans la sous-section 4.3.1, on aboutit à une expression algébrique permettant de calculer la divergence de la vitesse :

$$\begin{aligned}\frac{\partial \tilde{u}}{\partial x} + \frac{1}{r}\frac{\partial r\tilde{v}}{\partial r} = -\left(\frac{1}{\rho_g} - \frac{1}{\rho_l}\right)&\left[\frac{1}{r}\left(\omega r_E \dot{m}_E + \Psi_E \frac{\partial \omega}{\partial r}\frac{dr}{dx}\right)\frac{\partial \tilde{Y}}{\partial r} + \dots\right.\\ &\left.+ \bar{\rho}\tilde{u}\left(\frac{\partial \tilde{Y}}{\partial x} - \frac{\partial \omega}{\partial r}\frac{dr}{dx}\frac{\partial \tilde{Y}}{\partial \omega}\right)\right]\end{aligned} \qquad \text{(III.4.19)}$$

4.3.3 Modélisation des gradients de pression

Dans sa version actuelle, le code *Genmix* ne permet pas de prendre en compte les gradients de pression. Dans notre cas, le jet débouche dans de l'air au repos. L'écoulement étant libre, on peut considérer en première approximation que les gradients de pression dans la direction longitudinale sont nuls :

$$\frac{\partial \bar{p}}{\partial x} = 0 \tag{III.4.20}$$

Cependant les gradients de pression dans la direction transversale nécessitent d'être modélisés. A partir de l'équation de transport de la quantité de mouvement dans la direction radiale, on obtient, après simplification :

$$\frac{\partial \bar{p}}{\partial r} + \frac{\partial \widetilde{\bar{\rho} v'' v''}}{\partial r} + \frac{\widetilde{\bar{\rho} v'' v''}}{r} = 0 \tag{III.4.21}$$

Avant d'être implémentée, l'équation ci-dessus est réarrangée en considérant que :

$$\frac{\partial \widetilde{\bar{\rho} v'' v''}}{\partial r} = \bar{\rho} \frac{\partial \widetilde{v'' v''}}{\partial r} + \widetilde{v'' v''} \frac{\partial \bar{\rho}}{\partial r} \tag{III.4.22}$$

En réexprimant les gradients de masse volumique en fonction des gradients de la fraction massique liquide Eq. (III.4.16), on obtient :

$$\frac{\partial \bar{\rho}}{\partial r} = \bar{\rho}^2 \left(\frac{1}{\rho_g} - \frac{1}{\rho_l} \right) \frac{\partial \widetilde{Y}}{\partial r} \tag{III.4.23}$$

Finalement, les gradients de pression sont modélisés par :

$$\begin{cases} \frac{\partial \bar{p}}{\partial x} = 0 \\ \frac{\partial \bar{p}}{\partial r} = -\bar{\rho} \left[\frac{\partial \widetilde{v'' v''}}{\partial r} + \frac{\widetilde{v'' v''}}{r} + \widetilde{v'' v''} \bar{\rho} \left(\frac{1}{\rho_g} - \frac{1}{\rho_l} \right) \frac{\partial \widetilde{Y}}{\partial r} \right] \end{cases} \tag{III.4.24}$$

4.4 Maillage

Comme décrit précédemment dans la section 4.2.1, les nœuds du maillage sont situés sur les fonctions de courant de l'écoulement. Le nombre de fonctions de courant considérées est une constante imposée lors de l'initialisation du calcul et, quelle que soit la position axiale x considérée, le nombre de nœuds dans la direction radiale est constant. Le maillage est auto-adaptatif au sens où, pour une position axiale donnée x, les points du maillage sont générés automatiquement en fonction de la position des points du maillage en $x - \Delta x$ et des données de vitesse et de fraction massique en $x - \Delta x$, Δx étant le pas du maillage dans la direction axiale. Le pas du maillage dans la direction axiale Δx est également déterminé de manière automatique. Le maillage peut ainsi s'élargir ou se contracter pour couvrir les zones d'intérêt de l'écoulement. Dans notre cas, le maillage obtenu correspond *in fine* à un raffinement progressif vers la zone dense du jet.

L'indépendance des solutions numériques obtenues vis-à-vis du niveau de raffinement du maillage a été examinée, notamment en ce qui concerne le nombre de nœuds présents dans la direction radiale. Plusieurs maillages, avec respectivement 100, 200, 500, 750 et 1000 nœuds dans la direction radiale, sont testés. Les profils de vitesses axiales et de concentration volumique liquido à $x/d_{buse} = 778$ sont respectivement reportés FIG. III.4.2, FIG. III.4.3. On observe que les profils obtenus sont indépendants du raffinement du maillage quand celui-ci comporte plus de 500 points de discrétisation dans la direction radiale.

Finalement, sur les profils de vitesses axiales obtenus pour les maillages contenant respectivement 500, 750 et 1000 nœuds dans la direction radiale, l'écart entre les profils est inférieur à

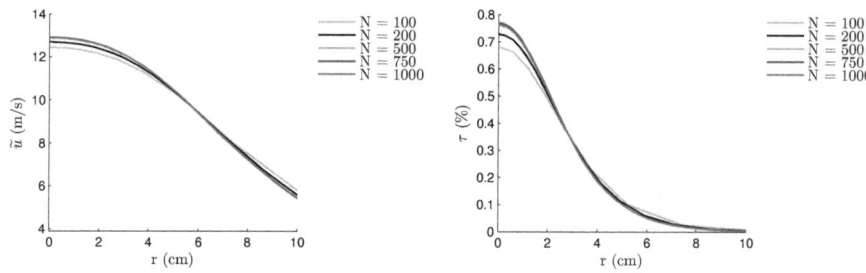

FIGURE III.4.2: Vitesse axiale moyenne à $x/d_{buse} = 778$

FIGURE III.4.3: Concentration volumique du liquide à $x/d_{buse} = 778$

1% sur l'ensemble d'un diamètre de jet. Pour ces mêmes maillages, l'écart relevé sur les profils de concentration est inférieur à 0.5%.

Dans la suite, une discrétisation de 500 nœuds dans la direction radiale sera utilisée, ce qui, au vu des observations précédentes, semble suffisant afin de garantir une indépendance des résultats numériques vis-à-vis du maillage. La taille des mailles dans la direction axiale est contrôlée par l'algorithme de *GENMIX*. Pour un domaine long de 6m dans la direction axiale, le nombre de nœuds employés pendant le calcul est de l'ordre de 6×10^6 et la durée d'un calcul est inférieur à une minute, ce qui est sans comparaison par rapport aux temps de calcul et mémoire qui seraient nécessaires, par exemple sous *ANSYS Fluent*, pour un maillage fixe comportant plusieurs millions de nœuds.

4.5   Conditions de calcul

Dans la suite, les résultats numériques seront présentés, et comparés aux résultats expérimentaux, dans le chapitre 2 de la partie IV. Ces résultats correspondent à un diamètre de buse d_{buse} égal à 4.37 mm et à une pression d'injection de 350 kPa. L'entrée du domaine de calcul correspond à la sortie de buse. Les profils de vitesse et de turbulence imposés en entrée du domaine sont détaillés dans la section 2.1 du chapitre 2 de la partie IV, tandis que les équations employées sont rappelées un peu plus tôt dans ce même chapitre, dans la planche page 114.

Quatrième partie

Résultats

Chapitre 1

Résultats expérimentaux

Nous présentons dans ce chapitre les différents résultats expérimentaux obtenus durant cette thèse, aux moyens de mesures par Anémométrie Laser Doppler à une composante, par sonde optique et par imagerie. Ces mesures ont été effectuées sur l'asperseur décrit section 1.1 pour un diamètre de buse d_{buse} de 4.37 mm et une pression $P = 350\ kPa$. Dans tous les cas, l'asperseur est orienté de manière à ce que le jet sorte horizontalement de la buse. On notera x la coordonnée horizontale et Z la coordonnée verticale dans le repère cartésien dont l'origine est placée sur la sortie de buse, et z la coordonnée verticale définie telle que son origine $z = 0$ soit toujours placée sur l'axe du spray. Ainsi, la coordonnée Z permettra de visualiser la trajectoire du jet qui va, à partir d'une certaine distance, commencer à chuter sous l'effet de la gravité. La coordonnée z permettra de tracer les profils verticaux, qui seront centrés sur l'axe du jet.

Des mesures de taux de vide et de vitesses ont été effectuées par la société *A2 Photonic Sensor* (INPG, Grenoble) à l'aide d'une sonde optique à fibre. Cette technique de mesure, brièvement décrite dans la section 2.4, consiste à placer la sonde dans le milieu diphasique à caractériser. La partie sensible de la sonde transperce l'interface des gouttes ou des bulles en mouvement. Le capteur détecte une variation d'indice optique à chaque changement de milieu. L'analyse des signaux obtenus permet de déterminer ponctuellement la concentration volumique du liquide, la norme de la vitesse et le diamètre moyen de Sauter d_{32} des gouttelettes (obtenu à partir de la distribution des cordes, et défini dans la section 2.2 du chapitre 2 de la partie I). La limite de détection de la sonde optique est de 15 μm, ce qui est largement inférieur à la limite de détection de notre système d'imagerie qui est de 3 pixels, ce qui correspond dans notre configuration à une limite inférieure de l'ordre de 100 μm. La précision de la mesure étant de 15% pour les vitesses et les diamètres caractéristiques, contre 5% pour les concentrations liquides, les données de vitesses obtenues par sonde optique ne seront pas reportées dans ce chapitre. Bien qu'il soit *a priori* possible d'effectuer des mesures par sonde optique à la fois dans les partie dense et dispersée du spray, les mesures de la concentration liquide dans le cœur liquide n'ont pas pu être réalisées, d'une part parce que la présence de la sonde dans le cœur liquide modifiait fortement l'écoulement, et d'autre part parce que l'impact du liquide sur la sonde faisait rentrer celle-ci en vibration.

L'évolution de la vitesse axiale sur l'axe du jet a également été mesurée par Anémométrie Laser Doppler à l'IRSTEA de Montpellier. Cette technique non intrusive permet de déterminer ponctuellement la vitesse avec une très bonne résolution spatiale. L'intersection de deux faisceaux laser constitue le volume de mesure dans lequel se forment des franges d'interférence. Lorsqu'une goutte ou une particule traverse le volume de mesure, la lumière qu'elle émet varie en intensité avec une certaine fréquence. Cette fréquence est proportionnelle à la composante de la vitesse de la goutte ou particule qui se trouve dans le plan des deux faisceaux laser. Différents traitements statistiques ont été appliqués sur les données expérimentales de LDA afin de supprimer les évènements non significatifs susceptibles d'affecter les moyennes calculées. La méthode retenue consiste à construire pour chaque position un histogramme des vitesses. Les classes non représentatives, dont les effectifs sont inférieurs à 1% de l'échantillon total, sont supprimées de la statistique finale. Cependant, on peut considérer que les valeurs moyennes sont susceptibles de varier dans une gamme de ± 5% selon la méthode statistique choisie, malgré le nombre important d'évènements détectés (environ 10^5).

Enfin, différentes techniques d'imagerie ont été utilisées, tout d'abord afin de caractériser la déformation de l'interface liquide/air du cœur liquide, puis dans la zone partiellement atomisée du spray pour obtenir la vélocimétrie et la granulométrie de la phase liquide. Le dispositif expérimental employé est détaillé dans la section 1.2 tandis que la technique expérimentale utilisée pour déterminer la granulométrie est détaillée tout au long de la partie II.

Les données de vitesses obtenues par DTV ont également fait l'objet d'un traitement statistique. On constate que, contrairement aux distributions obtenues pour l'ensemble des gouttes présentes dans le spray, les distributions obtenues par classes de diamètre ont une allure gaussienne, ce qui est en partie illustré FIG. IV.1.46. Le traitement choisi consiste donc à supprimer, de manière récursive, les évènements se trouvant en dehors de l'intervalle $[\mu - 3\sigma; \mu + 3\sigma]$ pour une classe de diamètre donnée, μ et σ étant respectivement la moyenne et l'écart-type de cette classe de tailles.

1.1 Analyse de l'interface du cœur liquide

Afin de caractériser l'évolution du cœur liquide en sortie de buse, les images collectées à partir de la caméra rapide et de la caméra PIV ont été analysées par traitement d'images sous *Matlab*, où un traitement d'images a été développé afin de détecter l'interface du jet (FIG. IV.1.1). L'analyse a plus particulièrement porté sur l'évolution de la courbure locale de l'interface et sur l'évolution de son amplitude, c'est-à-dire de la distance entre l'interface liquide/air et l'axe du jet.

FIGURE IV.1.1: Détection de l'interface du cœur liquide

1.1.1 Analyse de la courbure

Pour chaque image, on détecte l'interface liquide/air sous *Matlab*. A partir des courbes obtenues, on définit une abscisse curviligne le long des interfaces :

$$s(t) = \int_{t_0}^{t} \left\| \frac{d\vec{f}}{dt} \right\| \tag{IV.1.1}$$

où $d\vec{f}$ représente le vecteur tangent à l'interface. La courbure locale de l'interface est calculée à partir de ses coordonnées (x, y) le long de l'abscisse curviligne :

$$C(s) = \frac{\frac{dx}{ds}\frac{d^2y}{dy^2} - \frac{dy}{ds}\frac{d^2x}{ds^2}}{\left[\left(\frac{dx}{ds}\right)^2 + \left(\frac{dy}{ds}\right)^2\right]^{3/2}} \tag{IV.1.2}$$

Après filtrage, on obtient le spectre du signal par une méthode de Welch. Enfin, pour chaque jeu de données, constitué d'un ensemble de 500 images décorrélées, on calcule un spectre moyen en moyennant les spectres obtenus pour chaque image.

Les spectres obtenus pour les interfaces 1 et 2 (FIG. IV.1.1) se superposent parfaitement pour tous les jeux de données analysés. Les spectres moyens montrent un maximum bien résolu, dont la position évolue selon la pression et la distance à la buse (FIG. IV.1.2), et qui représente un nombre moyen caractéristique du plissement de l'interface.

Pour une distance à la buse donnée, la position du maximum se déplace vers des nombres d'ondes plus importants et l'interface est davantage plissée au fur et à mesure que la vitesse d'éjection augmente. Par ailleurs pour une pression donnée, on observe une diminution du nombre d'onde moyen qui passe par un minimum à $x/d_{buse} = 25$. Cette diminution correspond au développement de l'interface, avec une augmentation de la longueur caractéristique du plissement. Pour $x/d_{buse} > 25$, la longueur caractéristique du plissement de l'interface diminue lentement avec la distance à la buse (le nombre d'onde κ augmente), ce qui pourrait correspondre à l'influence croissante des forces aérodynamiques.

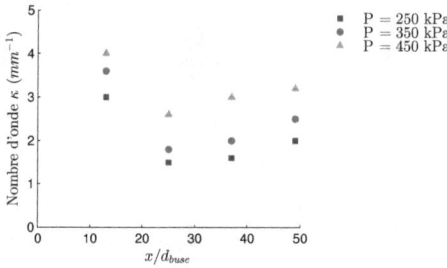

FIGURE IV.1.2: Évolution axiale du pic, caractéristique du plissement de l'interface issue de l'analyse spectrale de la courbure

Enfin, pour l'ensemble des spectres analysés (FIG. IV.1.3), on remarque que la décroissance des spectres suit une loi de puissance avec un exposant égal à -3, c'est-à-dire que la décroissance du spectre évolue comme : $S(\kappa) \propto \kappa^{-3}$. De plus, l'allure du spectre semble indiquer que les petites échelles (grand κ) sont suffisamment bien résolues par notre traitement d'images.

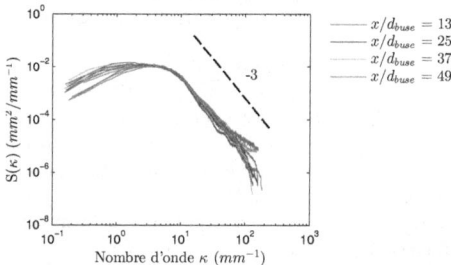

FIGURE IV.1.3: Densité spectrale de puissance de la courbure locale de l'interface liquide

1.1.2 Analyse de l'amplitude

Nous nous sommes également intéressés à l'évolution de l'amplitude A des oscillations de l'interface liquide en reproduisant l'analyse effectuée par Mayer et Branam [59] sur des jets turbulents. Dans la suite, nous désignerons comme amplitude la distance d'un point de l'interface liquide/gaz à l'axe moyen du jet, qui sera déterminé à partir d'une série d'images. A partir de la détection des interfaces liquide/air sur une série d'images, on détermine tout d'abord l'axe moyen du jet. Pour chaque image, le jet est ensuite divisé en tronçons et on mesure la distance moyenne de l'interface de chaque tronçon à l'axe du jet. Cette distance moyenne de l'interface à l'axe, pour chaque tronçon, est par la suite considérée en tant que variable aléatoire (FIG. IV.1.4) dont on détermine la moyenne et l'écart-type. Contrairement à Mayer et Branam, qui utilisent une loi log-normale pour représenter leurs jeux de données, les distributions d'amplitudes que nous avons obtenues semblent davantage correspondre à des distributions normales.

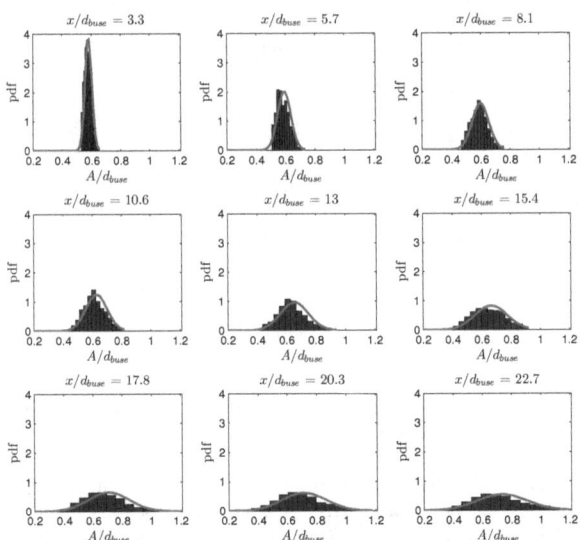

FIGURE IV.1.4: Amplitude des différents tronçons de la colonne liquide - données expérimentales (bleu) et distributions normales (rouge) paramétrées à partir des données

L'amplitude moyenne $< A >$ de l'interface augmente avec la distance à la buse (FIG. IV.1.5), avec une évolution linéaire jusqu'à environ $x/d_{buse} = 25$. Par ailleurs, l'évolution de la moyenne est d'autant plus forte que la vitesse d'éjection est importante. A partir de $x/d_{buse} = 25$, l'interface semble pleinement développée et on observe une variation beaucoup plus lente de l'amplitude moyenne avec la distance à la buse. La diminution de l'amplitude moyenne que l'on peut apercevoir pour des pressions $P = 250kPa$ et $P = 350kPa$ concorde avec l'apparition de structures tridimensionnelles dans le jet ; on observe expérimentalement une déformation de la colonne liquide sous forme d'hélice à partir de $x/d_{buse} = 50$. Dans tous les cas, le changement de pente observé à partir de $x/d_{buse} = 25$ est attribué à l'influence des forces aérodynamiques.

L'écart-type de l'amplitude σ_A augmente linéairement avec la distance à la buse (FIG. IV.1.6) jusqu'à une position $x/d_{buse} = 25$, avec une évolution qui pourrait probablement être reliée à celle d'une échelle caractéristique de la turbulence. En effet, selon un certain nombre de travaux

[98; 97; 75; 76], en début de jet l'interface est déformée par la turbulence, lorsque l'énergie cinétique turbulente d'un tourbillon d'une certaine taille est supérieure à l'énergie de tension superficielle. L'interface va ainsi se déformer sous des plus petits tourbillons remplissant cette condition, les petits tourbillons étant les plus rapides. Puis, au fur et à mesure que ceux-ci vont se dissiper, des tourbillons de plus en plus gros vont agir. L'interface va être ainsi déformée selon des échelles de longueur qui vont croître avec la distance à la buse. Pour $x/d_{buse} > 25$, les fluctuations d'amplitude continuent à croître, mais avec une évolution beaucoup plus lente, ce qui pourrait signifier qu'à partir de cette distance l'interface n'est plus déformée par la turbulence, mais plutôt par les effets aérodynamiques.

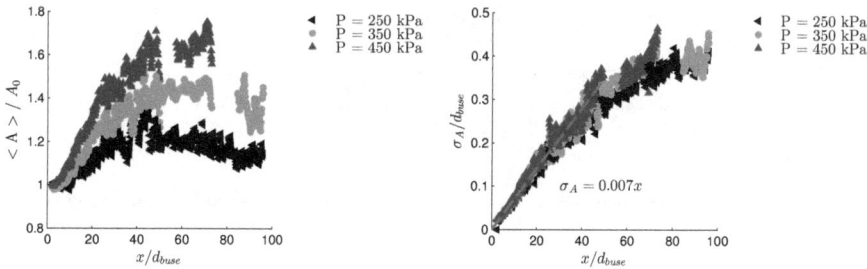

FIGURE IV.1.5: Évolution axiale de l'amplitude moyenne   FIGURE IV.1.6: Évolution axiale des fluctuations d'amplitude

1.2 Granulométrie

Deux premières campagnes expérimentales, détaillées dans la section 1.3 du chapitre 1 de la partie II, ont permis d'obtenir la granulométrie du spray, pour différents diamètres de buse, différentes pressions et pour une distance à la buse x/d_{buse} comprise entre 735 et 1010. Le diamètre des gouttes est estimée à l'aide de la méthode proposée par Daves [19] et présentée dans la section 2.3 du chapitre 2 de la partie II. Les gouttes détectées représentent environ 60% du volume du spray, toutefois, les plus grosses gouttes étant très fortement non sphériques, cette estimation est assez sensible à la définition du diamètre équivalent. Les distributions obtenues par imagerie sont des distributions surfaciques puisque les gouttes auront un poids dans ces distributions d'autant plus important que leur aire projetée sera importante dans les images. Finalement, les distributions volumiques P_V des tailles de gouttes sont estimées à partir de ces distributions surfaciques P_S par :

$$P_V(D) = D \frac{P_S(D)}{\int_0^\infty D P_S(D) dD} \qquad (IV.1.3)$$

Dans la zone considérée, de larges fragments liquides sont présents dans le spray. Ceux-ci sont vraisemblablement issus du cœur liquide et ne sont pas encore complètement atomisés. Les distributions volumiques obtenues sont représentées FIG. IV.1.7. Comme suggéré par Simmons [79], celles-ci se superposent lorsque le diamètre équivalent des gouttes est adimensionné par le Diamètre Médian en Masse (MMD), défini dans la section 2.2 du chapitre 2 de la partie I. Celui-ci est estimé à partir de la fonction de répartition de la distribution volumique.

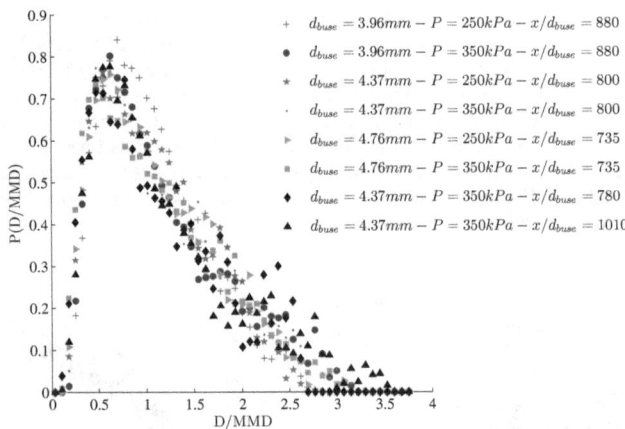

FIGURE IV.1.7: Distributions volumiques de tailles de gouttes, obtenues pour différents nombres de Weber We et de Reynolds Re, et différentes abscisses x/d_{buse}

Pour l'ensemble des données collectées, on constate que le rapport du MMD avec le Diamètre Moyen de Sauter d_{32}, défini dans la section 2.2 du chapitre 2 de la partie I, est constant et égal à 1.2, ce qui est illustré FIG. IV.1.8. Ce résultat est en accord avec les mesures de Simmons [79], Wu *et al.* [98], Wu et Faeth [97] et Sallam *et al.* [75] pour l'atomisation primaire et avec celles de Chou *et al.* [16], et Hsiang et Faeth [38] pour l'atomisation secondaire. Ces auteurs recommandent l'utilisation d'une loi de distribution racine carrée-normale, proposée par Simmons [79], qui est paramétrée afin de tenir compte d'un rapport constant entre MMD et d_{32}, égal à 1.2. Cette distribution est définie par l'équation Eq. (IV.1.4) ci-dessous :

$$P_V(D) = \frac{1}{2s\sqrt{2\pi MMD}} \frac{1}{\sqrt{D}} exp\left\{ -\frac{\left[\sqrt{D/MMD} - 1\right]^2}{2s^2} \right\} \qquad (IV.1.4)$$

Cependant, la loi log-normale semble mieux adaptée pour représenter notre jeu de données. Celle-ci est définie par l'équation Eq. (IV.1.5) ci-dessous :

$$P_V(D) = \frac{1}{\sqrt{2\pi}s_g D} exp\left\{ -\frac{[ln(D/MMD)]^2}{2s_g^2} \right\} \qquad (IV.1.5)$$

A partir de l'équation Eq. (IV.1.5), il est possible d'exprimer l'écart-type de la distribution en fonction du rapport MMD/d_{32} :

$$s_g = 2ln\left(\frac{MMD}{d_{32}}\right) \qquad (IV.1.6)$$

En réintroduisant l'équation Eq. (IV.1.6) dans l'équation Eq. (IV.1.5), on peut définir une distribution lognormale qui n'est plus fonction que d'un seul paramètre :

$$P_V(D) = \frac{1}{\sqrt{2\pi}s_g D} exp\left\{ -\frac{[ln(D/d_{32}) - ln(1.2)]^2}{2[2ln(1.2)]^2} \right\} \qquad (IV.1.7)$$

Les distributions racine carré-normale, issue des travaux de Simmons (équation Eq. (IV.1.4)) et log-normale (équation Eq. (IV.1.7)) sont représentées FIG. IV.1.7 et comparées aux distributions expérimentales. Celles-ci semblent être correctement représentées par la loi log-normale à un seul paramètre, définie par l'équation Eq. (IV.1.7).

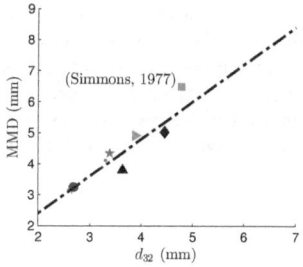

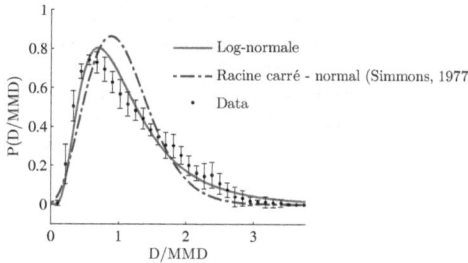

FIGURE IV.1.8: Diamètre Médian en Masse (MMD) en fonction du Diamètre Moyen de Sauter d_{32}

FIGURE IV.1.9: Distribution volumique des tailles de gouttes. Les barres d'erreurs représentent l'écart-type et la moyenne, par classes de gouttes, des distributions expérimentales représentées FIG. IV.1.7

1.3 Vélocimétrie du spray

1.3.1 Vitesse moyenne du spray

a/ Évolution axiale de la vitesse moyenne horizontale

La vitesse d'injection U_0 peut être correctement estimée à partir du théorème de Bernoulli Eq. (IV.1.8), en ajoutant un facteur correctif appelé coefficient de décharge C_d qui permet de tenir compte des éventuelles pertes de charge dans la buse. Le coefficient C_d, déterminé à partir de mesures débitmétriques, est de l'ordre de 0.92, ce qui est en accord avec les résultats de la littérature pour ce type d'asperseurs [86]. Les vitesses d'injection U_0 sont ainsi évaluées à 20.59, 24.37, 27.62 m/s pour une pression respective de 250, 350 et 450 kPa. Dans la suite seront détaillés les résultats obtenus pour une pression de 350 kPa et une buse de 4.37 mm de diamètre.

$$U_0 = C_d \sqrt{\frac{2P}{\rho_l}} \qquad (IV.1.8)$$

L'évolution axiale de la vitesse du liquide a été obtenue par Anémométrie Laser Doppler (LDA) depuis la sortie de buse jusqu'à 600 diamètres de buse en aval de l'écoulement (FIG. IV.1.10).

En sortie de buse, le liquide semble accélérer légèrement dans la direction axiale, ce qui pourrait résulter d'un réarrangement entre les composantes radiales et axiales du profil de vitesse. Cette accélération a été également observée par des mesures de Vélocimétrie par Images de Particules (PIV) effectuées sur l'asperseur étudié en 2004 [87]. Cependant, concernant les mesures présentées ici, une incertitude expérimentale demeure en début de jet quant au positionnement du volume de mesure de la LDA, qui est particulièrement difficile à déterminer en présence d'une interface liquide/gaz turbulente ($x/d_{buse} < 45$). Notamment, pour une distance à la buse donnée, le volume de mesure est positionné afin que le nombre d'évènements détectés soit maximum. Ce positionnement semble bien adapté au spray dispersé puisque davantage de gouttes sont présentes sur l'axe du spray. Cependant, dans le cœur liquide, il est probable que le volume de mesure ne soit pas correctement positionné sur l'axe du jet. Les mesures de vitesses réalisées par suivi de gouttelettes, ou Droplet Tracking Velocimetry (DTV), sont également reportées.

Un traitement d'image (Annexe C), inspiré des travaux de Amielh *et al.* [3] et basé sur la déconvolution de deux images successives, a également permis d'obtenir une estimation de la vitesse moyenne du jet pour différentes distances à la buse et différentes pressions (FIG. IV.1.11). Les résultats obtenus pour une pression de $350kPa$ sont en bon accord avec les mesures de LDA avec un écart inférieur à 10%. Pour les 3 pressions considérées, les vitesses obtenues en sortie de buse correspondent aux valeurs de débit mesurées et aux valeurs prédites par l'équation Eq. (IV.1.8).

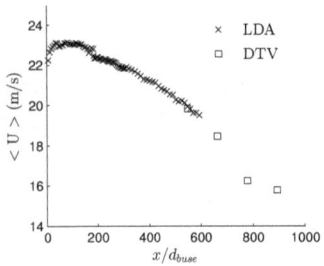
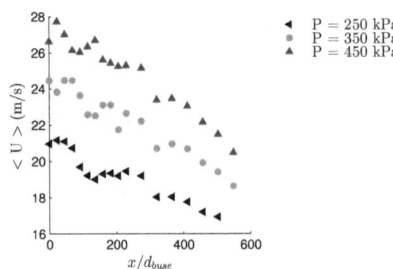

FIGURE IV.1.10: Profil axial de la vitesse horizontale moyenne sur l'axe, obtenu par LDA - $P = 350kPa$ - $d_{buse} = 4.37mm$

FIGURE IV.1.11: Profils axiaux de la vitesse horizontale moyenne sur l'axe, obtenus par imagerie, pour des pressions égales à $P = 250kPa$, $P = 350kPa$ et $P = 450kPa$- $d_{buse} = 4.37mm$

Le tracé de U_{max}/U en fonction de x/d_{buse} (FIG. IV.1.12) laisse apparaître trois zones. Les deux premières représentent respectivement la zone de cœur potentiel et la zone de développement du jet. Dans la dernière, le jet semble avoir atteint un état pleinement développé avec une évolution linéaire de U_{max}/U en fonction de la distance à la buse. Afin de mieux prendre en compte l'effet du rapport de masses volumiques, l'axe longitudinal peut être adimensionné par $d_{buse}(\rho_l/\rho_g)^{\frac{1}{2}}$ [34]. Le profil de U_{max}/U en fonction de $x/\left[d_{buse}(\rho_l/\rho_g)^{\frac{1}{2}}\right]$ est reporté FIG. IV.1.13. L'apparition du troisième régime correspond aux valeurs de $x/\left[d_{buse}(\rho_l/\rho_g)^{\frac{1}{2}}\right]$ qui sont obtenues lors du mélange d'un gaz de masse volumique ρ_1 dans un milieu gazeux ambiant de masse volumique ρ_2 [73], soit $x/\left[d_{buse}(\rho_l/\rho_g)^{\frac{1}{2}}\right] \geq 15$. Néanmoins, la pente obtenue ici est environ quinze fois plus petite que celles observées par Ruffin *et al.* [73], de l'ordre de 0.2. Cette pente moindre caractérise un mélange moins efficace du jet avec l'air ambiant.

La demi largeur du jet $r_{1/2}$, définie par $U(r = r_{1/2}) = U(r = 0)/2$, a été déterminée à partir des mesures de DTV. On observe une évolution linéaire de la demi-largeur du jet avec la distance à la buse (IV.1.14). La pente obtenue est plus faible que les résultats classiques obtenus pour des jets monophasiques (0.084 pour Wygnanski et Fiedler[99]). Cependant la valeur obtenue dans notre cas (0.028) se révèle assez proche des résultats expérimentaux de Georjon [29] et Boedec

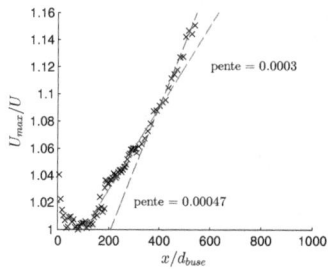

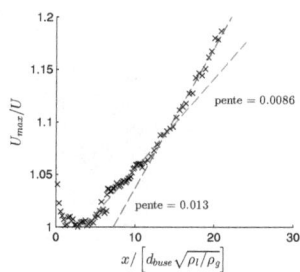

FIGURE IV.1.12: Profil axial du rapport U_{max}/U sur l'axe, obtenu par LDA - $P = 350kPa$ - $d_{buse} = 4.37mm$

FIGURE IV.1.13: Profil axial du rapport U_{max}/U sur l'axe, obtenu par LDA - $P = 350kPa$ - $d_{buse} = 4.37mm$

[11] (respectivement 0.025 et 0.021), qui ont étudié la région pleinement développée d'un spray Diesel ($400 < x/d_{buse} < 1600$).

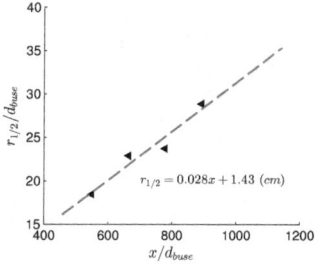

FIGURE IV.1.14: Évolution axiale de la demi-largeur du jet - $P = 350kPa$

Dans la suite de ce chapitre sont reportées les mesures effectuées par le dispositif de DTV décrit précédemment dans la partie II. On rappelle que la pression d'injection est fixée à $P = 350\ kPa$ et que le diamètre de buse mesure $d_{buse} = 4.37\ mm$

b/ Évolution radiale de la vitesse moyenne horizontale

Les profils radiaux de la vitesse horizontale moyenne sont tracés sur la FIG. IV.1.15. Les vitesses sont adimensionalisées par la vitesse horizontale sur l'axe et la position verticale par la demi-largeur $r_{1/2}$ du jet. Les profils obtenus montrent une bonne similitude. Enfin, on remarque une légère dissymétrie du profil entre les $z < 0$ (sous l'axe du jet) et les $z > 0$ (au-dessus de l'axe), probablement due à des effets gravitationnels. En effet, il est possible que le temps de vol des gouttes situées en-dessous de l'axe du jet soit, du fait de la trajectoire parabolique du jet, plus long que celui des gouttes situées au-dessus. Les gouttes situées au-dessus de l'axe du jet auraient ainsi un temps d'interaction plus faible avec l'air et auraient gardé une part plus importante de leur vitesse initiale.

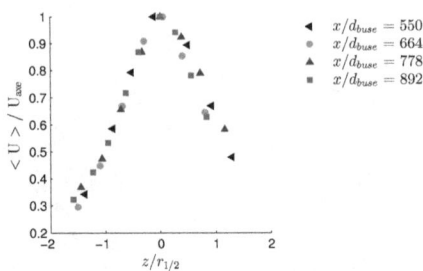

Figure IV.1.15: Profils radiaux de vitesse axiale moyenne

c/ Évolution verticale de la vitesse moyenne verticale

Les vitesse verticales moyennes sont négatives (FIG. IV.1.16) puisque le jet, horizontal en sortie de buse, plonge progressivement au fur et à mesure que son inertie diminue. Ces vitesses augmentent, en valeur absolue, au fur et à mesure qu'on s'éloigne de la buse, ce qui laisse penser que les gouttes n'ont pas encore atteint leur vitesse terminale. Au-dessus de l'axe du jet, les vitesses de chute sont d'autant plus faibles en valeur absolue que z est grand, probablement car les gouttes, amenées à ces positions par la turbulence et par leur inertie, n'ont pas encore eu sufffisamment de temps pour accélérer sous l'effet de la gravité. En-dessous de l'axe du jet, les vitesses de chute varient peu radialement, probablement car la plupart des gouttes ont alors une vitesse qui est plus proche de leur vitesse d'équilibre. Dans tous les cas, pour $z < 0$, la vitesse de chute est beaucoup plus grande que la vitesse d'expansion radiale observée habituellement pour des jets ronds et qui est, au maximum, de l'ordre de grandeur de quelques pourcents de la vitesse axiale. En effet, pour $z \approx -r_{1/2}$, qui devrait correspondre à la position du maximum de la vitesse d'expansion, la vitesse verticale moyenne est de l'ordre de $-1m/s$ alors que, *a priori*, la vitesse d'expansion devrait être de l'ordre de $-0.3m/s$. On notera cependant que, en $z > 0$, la vitesse d'expansion sera positive et sera d'autant moins négligeable qu'on considérera des positions éloignées de l'axe, où on observe une vitesse verticale moyenne plus faible ($z > r_{1/2}$).

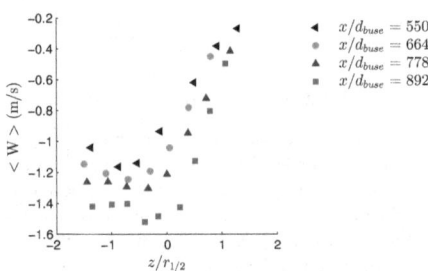

Figure IV.1.16: Profils verticaux de vitesse verticale moyenne

L'équation de quantité de mouvement d'une sphère de diamètre d_l en chute libre peut s'écrire, en supposant que $\rho_l \gg \rho_g$:

$$\rho_l \frac{\pi d_l^3}{6} \frac{dW_d}{dt} = \frac{1}{2} \rho_g C_D \frac{\pi d_l^2}{4} \left(W_d - W_g\right)^2 - \rho_l \frac{\pi d_l^3}{6} g \qquad \text{(IV.1.9)}$$

où W_d est la vitesse verticale de la sphère, W_g la vitesse verticale du gaz et C_D le coefficient de traînée de la sphère. La vitesse terminale $W_{d,\infty}$ peut alors s'exprimer à l'aide de l'équation Eq. (IV.1.10), ce qui permet d'obtenir une expression algébrique simple pour les régimes de Stokes et de Newton, c'est-à-dire quand le nombre de Reynolds particulaire $Re_p = \rho_g |u_l - u_g| d_l^2 / \mu_g$ est soit inférieur à un soit très grand devant l'unité. En effet dans ces deux cas le coefficient de traînée C_D correspondant peut être estimé respectivement à partir des expressions $C_D = 24/Re_p$ et $C_D = 0.44$. Dans la suite, ne connaissant pas la vitesse du gaz U_g, celle-ci sera supposée nulle. Cependant, nous considèrerons deux cas limites puisque le régime de Stokes peut correspondre à une vitesse de glissement nulle, tandis qu'imposer $U_g = 0$ conduit à majorer la vitesse de glissement entre phases dans les régimes de transition et de Newton.

$$(W_{d,\infty} - W_g)^2 = \frac{4}{3} \frac{\rho_l g d_l}{\rho_g C_D} = \begin{cases} \left[\frac{\rho_l g d_l^2}{18 \mu_g}\right]^2 & \text{pour} \quad Re_p < 1 \\ \frac{4}{3} \frac{\rho_l g d_l}{0.44 \rho_g} & \text{pour} \quad Re_p \gg 1 \end{cases} \qquad \text{(IV.1.10)}$$

Dans le régime de transition, pour des nombres de Reynolds particulaires compris entre 1 et 1000, le coefficient de traînée est couramment déterminé par la relation empirique de Schiller-Naumann [77] :

$$C_D = \max\left[0.44 ; \frac{24}{Re_p}\left(1 + 0.15 Re_p^{0.687}\right)\right] \quad \text{pour} \quad Re_p < 1000 \qquad \text{(IV.1.11)}$$

Ces formules ne sont normalement valables que pour des gouttes sphériques isolées. Afin de tenir compte de l'effet de la concentration volumique du liquide sur les forces de traînée, des facteurs correctifs sont habituellement employés. En première approximation, nous supposerons ici que l'hypothèse de gouttes isolées est valide. Les vitesses terminales prédites par les lois de Stokes, Schiller-Naumann et de Newton sont reportées FIG. IV.1.17. Les résultats issus du modèle de Stokes sont à écarter car les vitesses prédites ne correspondent pas au domaine de validité de la loi ($Re_p < 1$). Les deux autres lois prédisent des vitesses terminales inférieures aux vitesses de chute observées dans le spray, ce qui confirme que les vitesses d'équilibre ne sont pas encore atteintes.

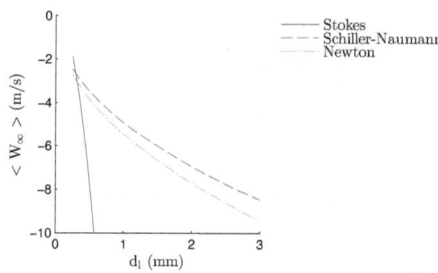

FIGURE IV.1.17: Vitesses terminales prédites par les lois de Stokes, Schiller-Naumann et Newton pour les différents diamètres de gouttes

En complétant l'équation Eq. (IV.1.9) avec une équation pour la composante horizontale, on obtient un système dynamique permettant d'estimer la trajectoire d'un objet sphérique. On peut ainsi calculer la trajectoire d'une goutte sphérique ayant pour diamètre le diamètre de buse et une vitesse initiale U_0. Les trajectoires obtenues avec les lois présentées ci-dessus (Stokes, Schiller-Naumann et Newton) sont comparées avec les coordonnées de l'axe du jet déterminées à partir des mesures de LDA (FIG. IV.1.18) en repérant les positions contenant le plus grand nombre d'événements.

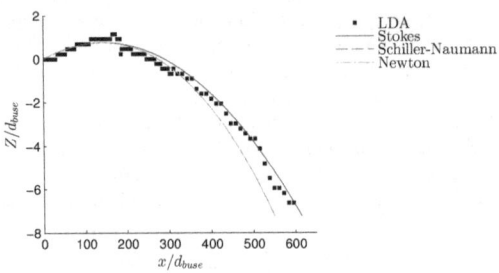

FIGURE IV.1.18: Trajectoire de l'axe du jet, obtenue par LDA

Enfin, on peut considérer la chute de sphères de différentes tailles, depuis la position verticale de la buse jusqu'à une position radiale de mesure donnée. La vitesse verticale initiale est supposée nulle, on fait de plus l'hypothèse que le gaz est au repos et qu'il n'y a pas d'atomisation durant la chute. Les vitesses de chute obtenues par le calcul sont comparées avec les résultats expérimentaux exprimant la vitesse moyenne verticale en fonction du diamètre des gouttes. L'allure des courbes et les valeurs obtenues par ces calculs sont en bon accord avec les valeurs expérimentales pour l'ensemble des positions de mesures. On reporte FIG. IV.1.19 un exemple des résultats obtenus à $x = 3m40$, soit à 778 diamètres de la buse, et à $Z = -77mm$.

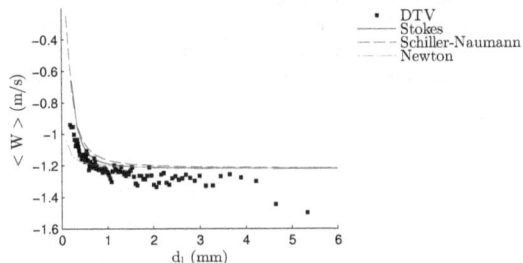

FIGURE IV.1.19: Vitesse de chute en fonction du diamètre, à $x/d_{buse} = 778$ et Z = -77mm

1.3.2 Vitesses fluctuantes du spray

Les profils des corrélations de fluctuations de vitesses horizontales et verticales sont représentées respectivement FIG. IV.1.20 et FIG. IV.1.21. Le profil de $\sqrt{<u'u'>}/U_{axe}$ montre un minimum local sur l'axe du jet qui semble augmenter au fur et à mesure que la distance à la buse augmente. Les maxima des profils se situent avant la demi-largeur du jet ($|z| < r_{1/2}$).

L'allure des profils de $\sqrt{<w'w'>}/U_{axe}$ est différente de celle observée pour $\sqrt{<u'u'>}/U_{axe}$, avec des valeurs maximales qui se situent sur l'axe du jet (sauf pour $x/d_{buse} = 664$). Cependant, dans notre cas, le spray est très hétérogène, avec des gouttes de tailles plus importantes sur l'axe et plus petites au fur et à mesure qu'on s'éloigne radialement de l'axe du spray. Les statistiques construites sur l'ensemble de la population de gouttes ne permet donc pas de déterminer si le maximum de $\sqrt{< w'w' >}$ est caractéristique de chaque classe de tailles, c'est-à-dire si un maximum est observé sur l'axe pour toutes les tailles, ou s'il résulte du fait que sur l'axe, le spray est composé de différentes populations de gouttes possédant des niveaux de fluctuations de vitesses verticales différents. Ce point sera examiné dans la sous-section 1.3.4.c.

De manière générale les valeurs de $\sqrt{< w'w' >}/U_{axe}$ semblent augmenter au fur et à mesure qu'on s'éloigne de la buse. Elles sont largement inférieures à celles de $\sqrt{< u'u' >}/U_{axe}$, contrairement à ce qu'on observe pour un jet monophasique, où on trouve classiquement $< w'w' > \approx < u'u' > /2$. Comme illustré FIG. IV.1.25, le coefficient d'anisotropie $< w'w' > / < u'u' >$ est ici inférieur à 0.2. Cette forte anisotropie de la phase liquide sera discutée dans la sous-section 1.3.4.c

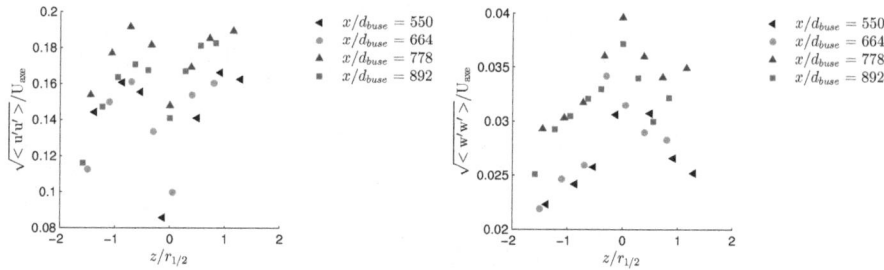

FIGURE IV.1.20: Profils radiaux de la corrélation des fluctuations de vitesse axiale

FIGURE IV.1.21: Profils radiaux de la corrélation des fluctuations de vitesse verticale

Afin de définir l'énergie cinétique turbulente k, nous ferons une hypothèse d'axisymétrie de la turbulence, usuelle sur les jets. L'énergie cinétique turbulente des gouttelettes est alors définie par $k = < u'u' > + 2 < w'w' >$. Les profils radiaux de l'énergie cinétique turbulente, représentés FIG. IV.1.22, ont des allures et des valeurs semblables aux profils de $< u'u' >$, du fait de la faible contribution de la corrélation des fluctuations de vitesses verticales.

L'intensité turbulente définie comme $I_t = \sqrt{\frac{2}{3}k}/U$ est représentée FIG. IV.1.23. Les profils sont similaires et montrent un minimum sur l'axe de l'ordre de 5%, tandis que les maxima des profils sont atteints en périphérie du jet avec des valeurs de l'ordre de 25% et 20% respectivement en-dessous et au-dessus de l'axe du jet. La dissymétrie observée est une conséquence de la dissymétrie des profils radiaux de vitesses horizontales.

Les profils radiaux du tenseur de contrainte $< u'w' >$ sont représentés FIG. IV.1.24. On retrouve bien que $< u'w' >$ et $\frac{\partial <U>}{\partial r}$ sont de signes opposés. La dissymétrie du profil peut être expliquée par les effets gravitationnels. Pour $z < 0$ on retrouve une allure classique, avec un taux de contrainte maximum de l'ordre de 0.3% atteint à $z = -r_{1/2}$. Au-dessus de l'axe du jet le taux de contrainte atteint une valeur maximale de 0.2%.

Le coefficient d'anisotropie, défini comme le rapport $< w'w' > / < u'u' >$ est représenté FIG. IV.1.25. Un coefficient égal à 1 correspond à l'isotropie puisqu'alors $< w'w' > = < u'u' >$. L'anisotropie est plus faible sur l'axe du jet puis augmente fortement quand on se déplace radialement. Les valeurs obtenues sont beaucoup plus faibles que celles reportées dans la littérature

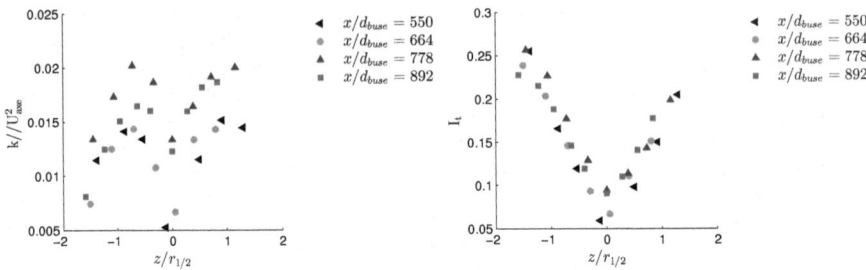

FIGURE IV.1.22: Profils radiaux de l'énergie ciné-   FIGURE IV.1.23: Profils radiaux de l'intensité tur-
tique turbulente du liquide   bulente du liquide

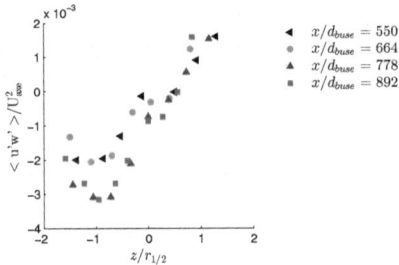

FIGURE IV.1.24: Profil radial de la corrélation des fluctuations de vitesse axiale et radiale

dans le cas de jets monophasiques libres, pour lesquels Wygnanski et Fiedler [99] et Hussein *et al.*
[39] trouvent respectivement un coefficient d'anisotropie égal à 0.86 et 0.78 pour $x/d_{buse} > 50$.
Cependant ces valeurs correspondent à celle reportée par Boedec [11] dans le cas d'un spray
Diesel, où le coefficient d'anisotropie était inférieur à 0.1 pour $x/d_{buse} > 500$.

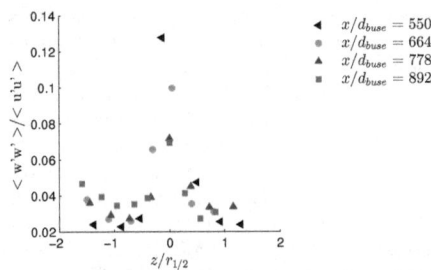

FIGURE IV.1.25: Profils radiaux du coefficient d'anisotropie

Les coefficients d'aplatissement (F) et de dissymétrie (S) sont construits respectivement à partir des moments d'ordre 3 et 4 des histogrammes de vitesses Eq. (IV.1.12) et permettent de déterminer des écarts par rapport à une distribution gaussienne des fluctuations de vitesses. En effet dans ce cas ces coefficients prennent des valeurs particulières : le facteur de dissymétrie est alors nul alors que le facteur d'aplatissement vaut 3.

$$F = \frac{< (U- < U >)^4 >}{< U^2 >^2} \quad \text{et} \quad S = \frac{< (U- < U >)^3 >}{< U^2 >^{3/2}}$$ (IV.1.12)

Les coefficients d'aplatissement de la vitesse horizontale F_U et verticale F_W prennent des valeurs maximales sur l'axe puis décroissent radialement pour finalement atteindre une valeur constante égale à 3 (FIG. IV.1.26. et FIG. IV.1.27).

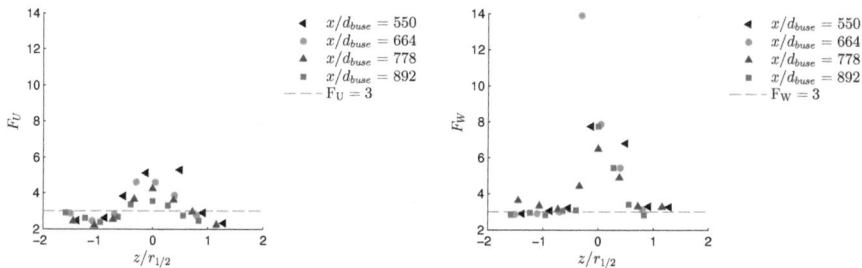

FIGURE IV.1.26: Coefficient d'aplatissement de la vitesse horizontale

FIGURE IV.1.27: Coefficient d'aplatissement de la vitesse verticale

Les coefficients de dissymétrie de la composante horizontale de vitesse S_U (FIG. IV.1.28) ont des valeurs négatives sur l'axe, augmentent progressivement quand on se déplace radialement et deviennent positifs pour $|z| > r_{1/2}$. En ce qui concerne la composante verticale de la vitesse, les coefficients de dissymétrie S_W ne montrent pas de variations importantes (FIG. IV.1.29). Les vitesses obtenues sur l'ensemble de la population de gouttes semblent ainsi s'écarter d'un comportement gaussien. Cet écart est davantage marqué au voisinage de l'axe du jet où le spray est le plus polydisperse, tandis que sur les bords du spray, où les distributions de tailles sont plus resserrées, les coefficients d'aplatissement et de dissymétrie se rapprochent des valeurs caractéristiques d'une allure gaussienne. Les gouttes semblent ainsi avoir une dynamique distincte selon leur taille, que nous étudierons dans la suite de ce chapitre.

Le coefficient de corrélation des fluctuations de vitesses est représenté FIG. IV.1.30. L'allure de son profil est très semblable à celui du profil de $< u'w' > /U_{axe}^2$ représenté FIG. IV.1.24. Le coefficient de corrélation des fluctuations de vitesses horizontales et verticales atteint la valeur 0.2 en $z = r_{1/2}$ et -0.6 en $z = -r_{1/2}$. Pour un jet monophasique, cette valeur est de l'ordre de ± 0.4 [39]. La quantité $\left[< u'w' > /k \right]^2$ peut également être examinée (FIG. IV.1.31). Les profils sont fortement dissymétriques. L'allure obtenue pour $z < 0$ correspond à celles observées pour des jets monophasiques. Les valeurs maximales sont atteintes pour $z \approx 1.5 r_{1/2}$ et sont de l'ordre de 0.05 alors que pour des jets monophasiques Hussein *et al.* reportent une valeur de 0.07 [39]. La valeur de ce maximum correspond à la valeur de la constante C_μ sous l'hypothèse, d'une part, que la production d'énergie cinétique turbulente compense son taux de dissipation turbulente, et d'autre part en se plaçant dans le cadre de l'approximation de Boussinesq. Les valeurs expérimentales laissent ainsi présager une valeur de C_μ plus faible que celle couramment observée. Enfin, les valeurs obtenues au-dessus de l'axe du jet, pour $z > 0$ sont largement inférieures à celles observées pour $z < 0$, avec des valeurs inférieures à 0.02.

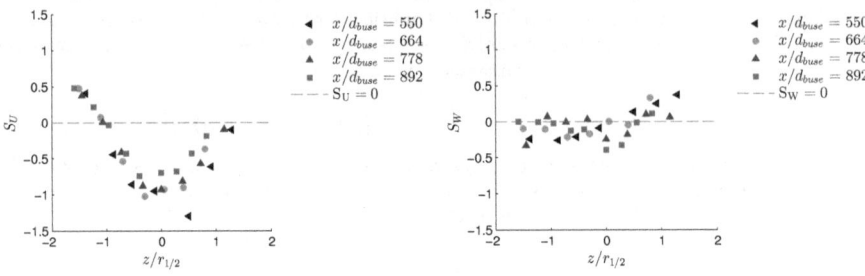

FIGURE IV.1.28: Coefficient de dissymétrie de la vi-   FIGURE IV.1.29: Coefficient de dissymétrie de la vitesse horizontale   tesse verticale

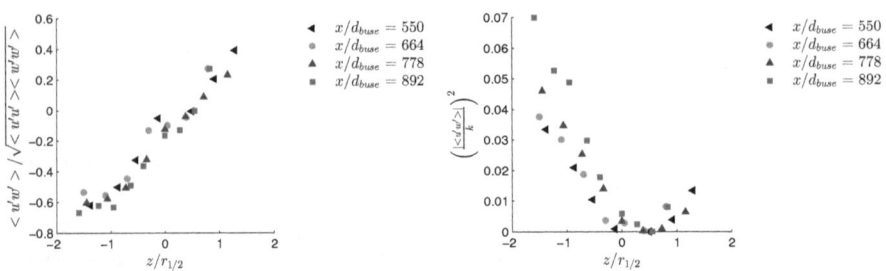

FIGURE IV.1.30: Profil radial du coefficient de cor-
rélation entre fluctuations de vi-   FIGURE IV.1.31: Profil radial de $\left[<u'w'>/k \right]^2$
tesse axiales et verticales

Le taux de dissipation turbulente ϵ peut être relié à l'échelle intégrale de la turbulence l_t par la relation $\epsilon = C_\mu^{3/4} \frac{k^{3/2}}{l_t}$. En supposant que l'échelle intégrale l_t est constante dans la direction transverse du jet et qu'elle est proportionnelle à la demi-largeur du jet [60], on peut considérer que $\epsilon \propto \frac{k^{3/2}}{r_{1/2}}$. Afin de fixer la constante en facteur de l'expression précédente, nous supposerons également que, dans la zone de fort cisaillement ($z \approx \pm r_{1/2}$), le taux de dissipation est du même ordre de grandeur que la production d'énergie cinétique turbulente $P_k = <u'w'> \frac{\partial <u>}{\partial z}$. Prendre cette constante égale à 0.5 semble être un bon compromis pour notre jeu de données. Les profils radiaux du taux de dissipation et de la production d'énergie cinétique turbulente sont représentés respectivement FIG. IV.1.32 et FIG. IV.1.33.

Il est également possible d'estimer l'ordre de grandeur du coefficient C_μ à partir de l'approximation de Boussinesq (Eq. (IV.1.13)). Les valeurs obtenues pour C_μ (FIG. IV.1.34) sont inférieures à 0.03, c'est-à-dire largement inférieures aux valeurs couramment observées expérimentalement, de l'ordre de 0.07 à 0.09. Ces valeurs de C_μ sont légèrement inférieures aux valeurs de C_μ, de l'ordre de 0.05, obtenues à partir des profils radiaux de $\left[<u'w'>/k \right]^2$ présentés pré-

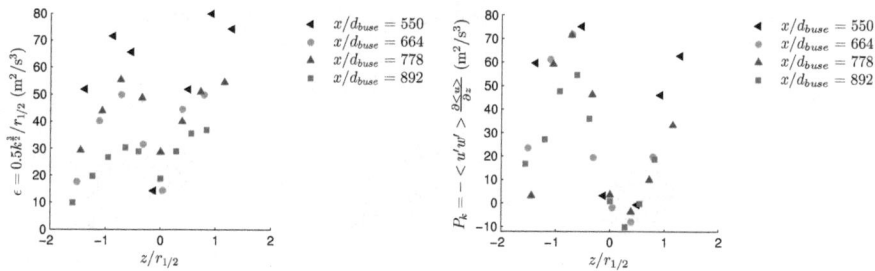

FIGURE IV.1.32: Profils radiaux du taux de dissipation de l'énergie cinétique turbulente

FIGURE IV.1.33: Profils radiaux de la production d'énergie cinétique turbulente

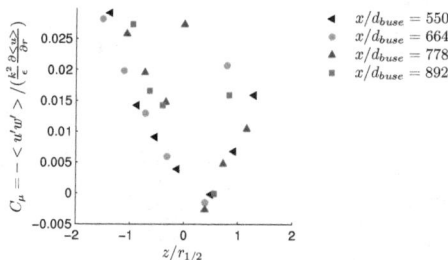

FIGURE IV.1.34: Profils radiaux de C_μ

cédemment (FIG. IV.1.31).

$$C_\mu = \frac{- <u'w'>}{\frac{k^2}{\epsilon} \frac{\partial <u>}{\partial z}} \qquad (IV.1.13)$$

1.3.3 Densités de probabilité conjointes

Afin de mieux comprendre la dynamique des gouttes, il est intéressant de compléter les informations contenues dans les distributions globales de tailles et de vitesses par une étude des distributions jointes tailles/vitesses, c'est-à-dire l'étude des grandeurs de tailles et de vitesses les unes par rapport aux autres. En effet, des gouttes de tailles très différentes sont présentes dans le spray (de 100 μm à plusieurs millimètres) et ces gouttes peuvent avoir des caractéristiques très différentes puisque la façon dont celles-ci vont répondre à l'écoulement de l'air, et à la gravité, va dépendre de leur taille. Or les distributions calculées sur l'ensemble du spray ne permettent pas d'identifier la contribution respective des différentes populations de gouttes. A titre d'exemples seront représentées dans la suite les distributions jointes vitesses verticales/vitesses horizontales, vitesses horizontales/tailles et vitesses verticales/tailles, pour différentes positions verticales en-dessous et au-dessus de l'axe du jet, à une distance de 778 diamètres de buse de l'injecteur.

Les densités de probabilités jointes vitesses verticales/vitesses horizontales (FIG. IV.1.35) montrent très nettement que sous l'axe du jet, les gouttes ayant les vitesses horizontales les plus fortes sont également celles qui chutent le plus rapidement. Cependant, au-dessus de l'axe du jet $(z > 4mm)$, les distributions jointes semblent davantage symétriques et centrées autour d'une vitesse de chute moyenne.

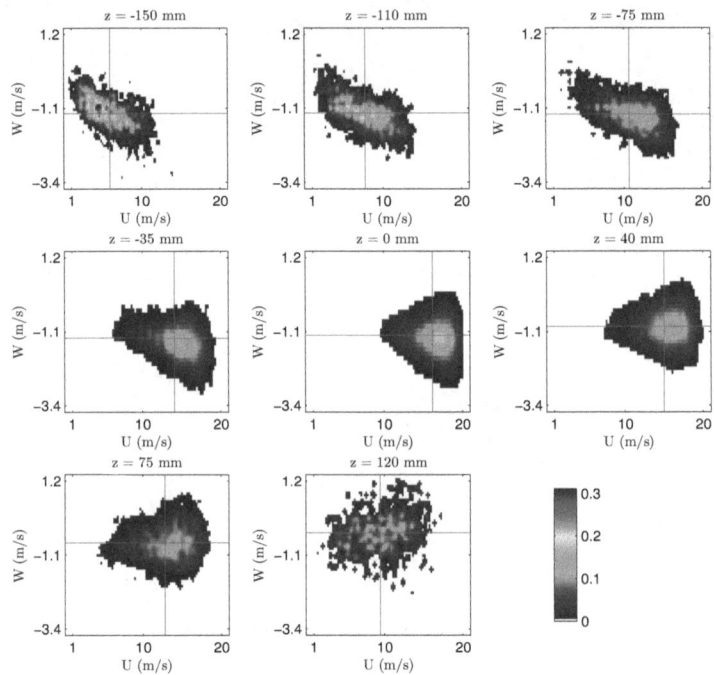

FIGURE IV.1.35: Densité de probabilité conjointe de vitesses axiales et verticales à $x/d_{buse} = 778$

De manière générale on constate sur les distributions jointes vitesses/tailles (FIG. IV.1.36 et FIG.IV.1.37) que les petites gouttes ont des vitesses horizontales et verticales plus largement distribuées que les grosses gouttes.

Sous l'axe du jet, les plus grosses gouttes sont celles ayant des vitesses de chutes les plus fortes (FIG. IV.1.36). Cependant, au-dessus de l'axe, la distribution des vitesses de chute est beaucoup moins conditionnée par la taille des gouttes. La vitesse de chute semble ainsi de plus en plus conditionnée par la taille au fur et à mesure que la position verticale est basse, ce qui pourrait être expliqué par le fait que l'accélération résultant des forces gravitationnelles et aérodynamiques sera d'autant plus importante que les gouttes seront grosses. De plus les gouttes les plus basses auront été accélérées plus longtemps.

Enfin, on retrouve que les gouttes les plus grosses sont les plus rapides dans la direction horizontale (FIG.IV.1.37), tandis que les plus petites gouttes, qui ont moins d'inertie, sont davantage freinées par l'air et semblent également plus agitées.

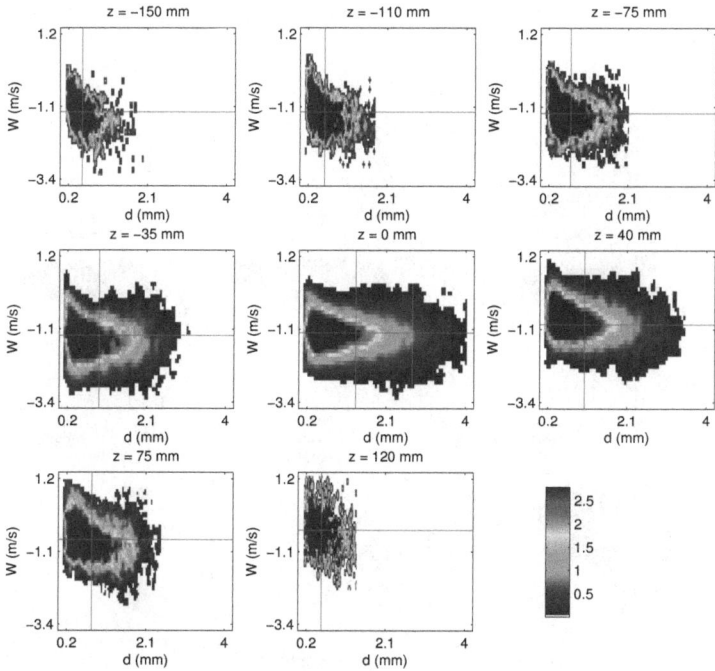

FIGURE IV.1.36: Densité de probabilité conjointe de vitesses verticales et diamètres à $x/d_{buse} = 778$

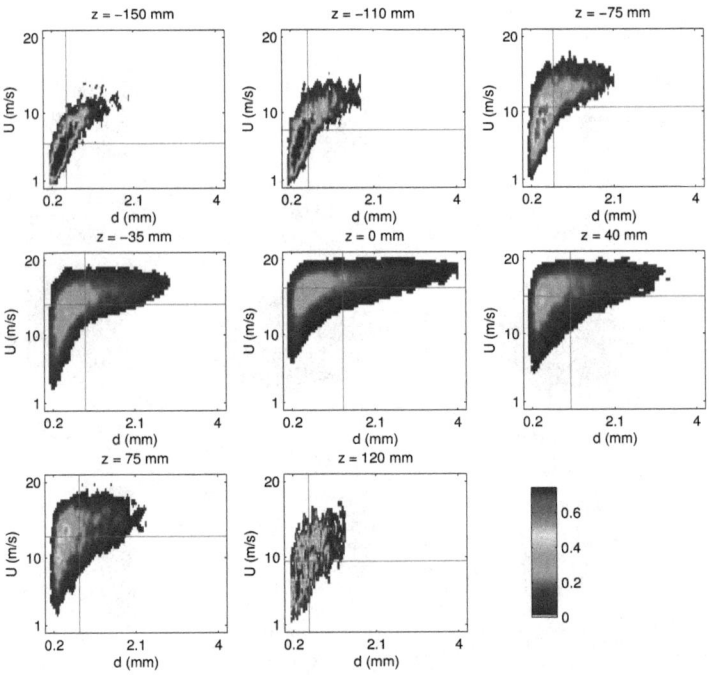

FIGURE IV.1.37: Densité de probabilité conjointe de vitesses axiales et diamètres à $x/d_{buse} = 778$

1.3.4 Vélocimétrie des gouttes par classes de diamètre

Nous analysons maintenant la vélocimétrie des gouttes par classes de taille en considérant six classes, les cinq premières seront larges de $0.5mm$ alors que la dernière regroupera l'ensemble des gouttes qui ont un diamètre supérieur à $2.5mm$. Cette division permet de considérer un nombre suffisant de gouttes détectées par classe de taille (au moins 1000 gouttes par classe de taille) et garantit une convergence statistique satisfaisante pour les différentes positions de mesures. Du fait de l'écoulement, les plus grosses gouttes sont plutôt situées près de l'axe du jet et leur effectif diminue rapidement lorsqu'on s'éloigne radialement de l'axe. Lorsque l'effectif des classes correspondantes n'est pas suffisant, c'est-à-dire lorsqu'il est inférieur à 1000 gouttes détectées, les données de ces classes ne sont pas représentées. Comme nous le verrons par la suite, dans la sous-section 1.3.4.c, construire les statistiques par classes de taille permet d'obtenir des distributions expérimentales qui se rapprochent davantage de distributions normales. Pour un échantillon de 1000 événements et considérant un intervalle de confiance à 95%, la précision statistique sur l'estimation de la moyenne est inférieure à 1.3% (estimée pour une intensité turbulente de 20%) et la précision statistique sur l'estimation des corrélations de fluctuations de vitesses est de l'ordre de 9% (4.5% sur l'écart-type).

On trace FIG. IV.1.38 et FIG. IV.1.39 le nombre total de gouttes détectées et le volume d'eau qui correspondrait à ces gouttes si elles étaient sphériques. Le détail de la granulométrie est développé dans la section 1.2. Sur l'axe du jet se trouve un plus grand nombre de gouttes. Les gouttes sur l'axe sont également plus larges qu'en périphérie de jet. Sur le graphique représenté FIG. IV.1.38, on s'aperçoit que davantage de gouttes sont présentes sous l'axe du jet. Cependant, ces gouttes sont petites et représentent peu en volume (FIG. IV.1.39).

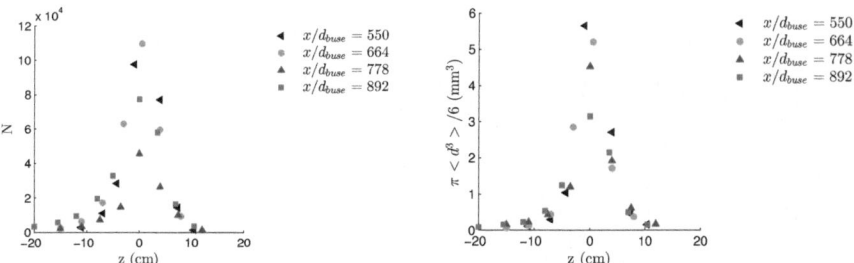

FIGURE IV.1.38: Profil radial du nombre de gouttes détectées

FIGURE IV.1.39: Profil radial du volume des gouttes détectées

a/ Évolution axiale et radiale de la vitesse moyenne horizontale

Les profils axiaux des vitesses moyennes horizontales sont représentés FIG. IV.1.40. Les plus grosses gouttes semblent garder une inertie importante et sont moins freinées que les plus petites ; la différence de vitesses entre les différentes populations tend à augmenter avec la distance à la buse. Cette tendance est également visible sur les profils radiaux des vitesses moyennes horizontales (FIG. IV.1.41). On remarque également FIG. IV.1.41 que la périphérie du spray est essentiellement constituée de petites gouttes ($d_l < 1mm$) dont la vitesse horizontale atteint environ $5m/s$.

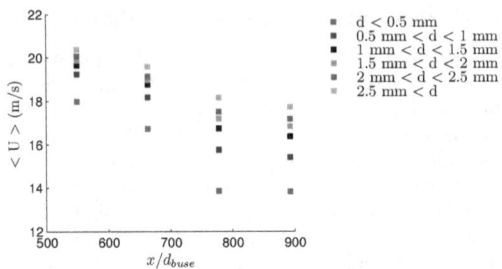

FIGURE IV.1.40: Profil axial de la vitesse horizontale moyenne sur l'axe, par classe de gouttes

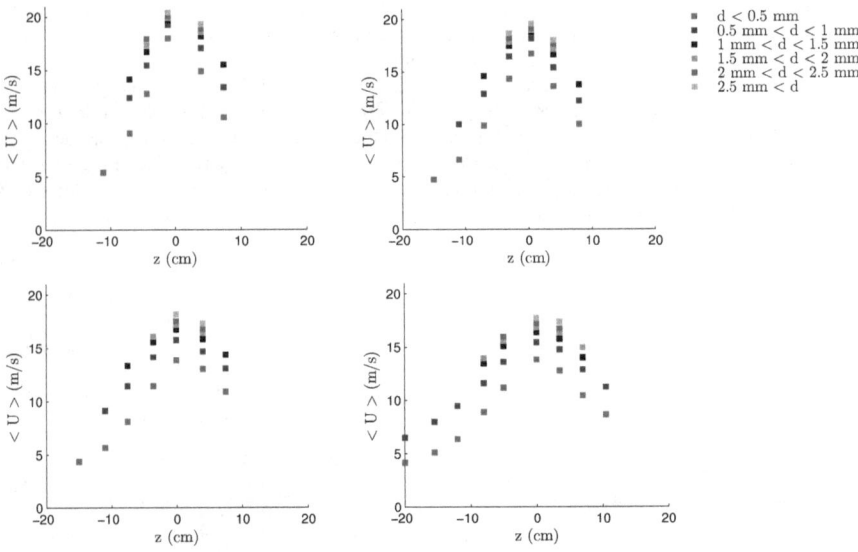

FIGURE IV.1.41: Vitesse horizontale moyenne par classe de diamètre à x/d_{buse} = 550, 664, 778 et 892

b/ Évolution verticale de la vitesse verticale moyenne

Si on trace les profils verticaux de la vitesse verticale moyenne pour les différentes classes de gouttes (FIG. IV.1.42), on s'aperçoit que les gouttes les plus rapides sont les gouttes les plus grosses, ce qui est en accord avec les développements précédents. L'allure des profils correspond également aux profils obtenus pour l'ensemble de la population de gouttes qui ont été présentés (FIG. IV.1.16). Enfin, on remarque que sous l'axe du jet, le plateau observé précédemment sur les profils radiaux de la vitesse de chute (FIG. IV.1.16) correspond à des petites gouttes, de diamètres inférieurs à $1mm$, qui semblent assez proches de leur vitesse d'équilibre. Au contraire, les gouttes les plus grosses semblent accélérer sous l'effet de la gravité, avec une vitesse de chute qui est d'autant plus forte, en valeur absolue, que les positions verticales sont basses.

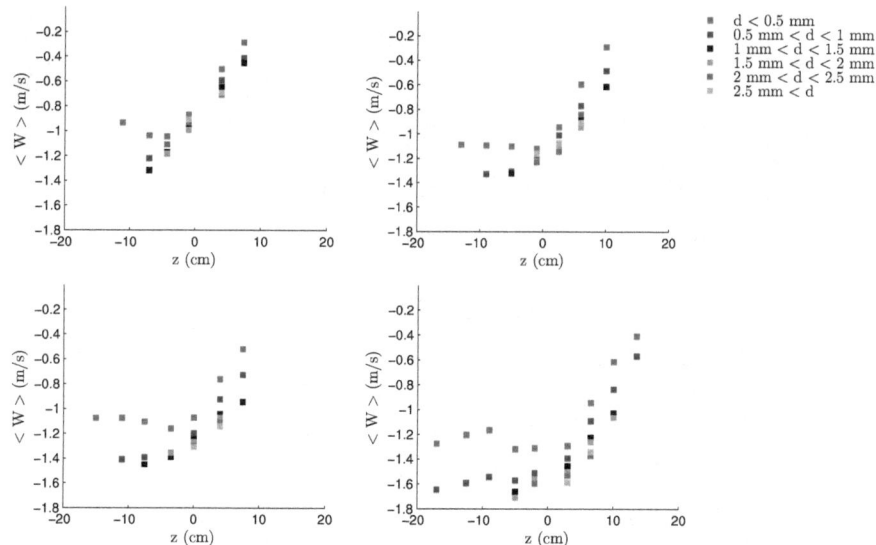

FIGURE IV.1.42: Profils verticaux de la vitesse de chute, par classe de diamètre à $x/d_{buse} = 550, 664, 778$ et 892

c/ Vitesses fluctuantes des gouttelettes

L'évolution des fluctuations de vitesses horizontales $< u'u' >$ est fortement dépendante de la classe de taille considérée (FIG. IV.1.43) et leurs valeurs sont d'autant plus faibles que la taille des gouttes est grande. Pour les plus petites gouttes $(d_l < 1mm)$, l'allure des profils est la même que celle reportée FIG. IV.1.20. Les plus grosses gouttes $(d_l > 1mm)$ ont un niveau d'agitation beaucoup plus faible que les petites gouttes dans la direction horizontale. Enfin, on observe que de manière générale, les fluctuations de vitesses sur l'axe évoluent peu avec la distance à la buse, pour une classe de diamètre donnée. En comparaison, les valeurs maximales évoluent plus fortement dans la direction axiale.

Le coefficient d'anisotropie (FIG. IV.1.44) est le plus grand pour les plus grosses gouttes, avec des valeurs supérieures à 0.5 sur l'axe pour les gouttes de diamètre $d_l > 2.5mm$. Bien que cette classe n'ait pas une largeur bien définie et que les statistiques construites pour celle-ci soient à considérer avec prudence, on constate que les autres classes de tailles correspondant à des diamètres $d_l < 2.5mm$ possèdent toutes un coefficient d'anisotropie inférieur à 0.3. On remarque également que les coefficients d'anisotropie diminuent avec le diamètre jusqu'à une valeur limite égale à 0.05, constante sur l'ensemble du profil. On peut également observer que les valeurs évoluent peu avec la distance à la buse pour une classe de diamètre donnée. De nombreux auteurs ont observé que, dans le cas de sprays diphasiques, l'anisotropie des fluctuations de vitesses de la phase dispersée était plus grande que celle observé pour des sprays monophasiques [51]. Dans le cas de jets gazeux contenant des particules, Mostafa *et al.* ([63], Hishida et Maeda [36], et Modarres *et al.* [61]) ont constaté un coefficient d'anisotropie de l'ordre de 0.08. L'existence d'une forte anisotropie a également été constatée par Solomon *et al.* [82] dans le cas de sprays liquides, avec un rapport entre les composantes axiales et radiales du tenseur de Reynolds de l'ordre de 9 ($< u'u' > \approx 9 < v'v' >$), ce qui correspond également aux mesures de Boedec [11] dans le

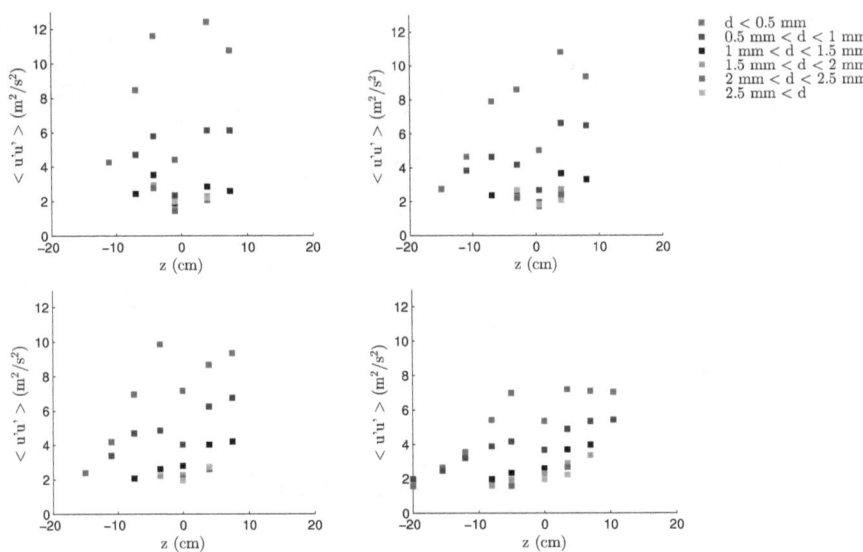

FIGURE IV.1.43: Profils radiaux de la corrélation des fluctuations de vitesse horizontale, par classe de diamètre à $x/d_{buse} = 550$, 664, 778 et 892

cas d'un spray Diesel, où le coefficient d'anisotropie était inférieur à 0.1 pour $x/d_{buse} > 500$. Cette anisotropie est expliquée par différents auteurs par le fait que les fluctuations de vitesses dans les directions axiale et radiale sont générées par des mécanismes distincts. Tomboulides et al. [88] concluent que les fluctuations de vitesses des gouttes dans la direction radiale est due au transfert de quantité de mouvement entre la turbulence de l'air et les gouttes, tandis que la génération des fluctuations de vitesses axiales des gouttes est attribuée au mécanisme proposé par Hinze [33]. Selon Hinze, les fluctuations de vitesses axiales sont dues au fait que les gouttes possédant un grand nombre de Stokes ne s'adaptent pas immédiatement à l'écoulement ambiant. Par conséquent, lorsqu'une goutte passe d'une région de l'écoulement à l'autre, elle garde en mémoire sa vitesse dans la première région et tend à augmenter les fluctuations de vitesses dans la seconde région.

Le fait que les fluctuations de vitesses radiales soient reliées à la turbulence de l'air pourraient expliquer les faibles valeurs obtenues pour la composante radiale du tenseur de Reynolds. Les tendances observées pour les fluctuations de vitesses verticales sont inversées par rapport à celles concernant les vitesses horizontales (FIG. IV.1.45) et les gouttes les plus agitées dans la direction verticale sont les plus grosses. Ce résultat est contraire aux observations de Hishida et al. [35] dans une couche de mélange. Cependant, dans notre cas cette observation peut être expliquée par un mécanisme semblable à celui par proposé par Hinze pour la génération des fluctuations de vitesses axiales des gouttes. Dans notre configuration, les gouttes chutent par gravité, d'autant plus vite que leur taille est importante, et passent d'une région à l'autre de l'écoulement avec un temps de relaxation τ_R important, en gardant en mémoire la vitesse qu'elles avaient précédemment. Contrairement aux profils calculés sur l'ensemble de la population de gouttes, les profils des plus grosses gouttes ($d_l > 1.5mm$) semblent posséder un minimum local sur l'axe et seraient ainsi plus proches de l'allure des profils de $< u'u' >$ (FIG. IV.1.43). Les fluctuations de vitesses

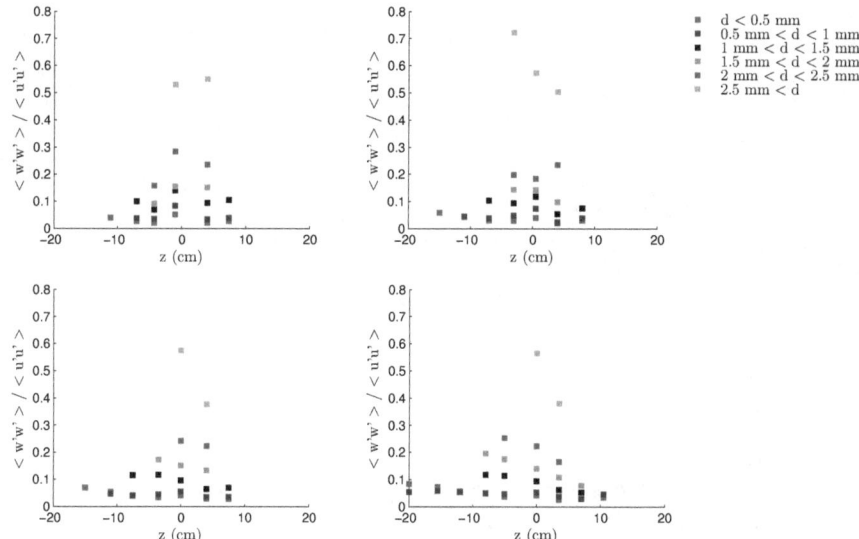

FIGURE IV.1.44: Profils radiaux du coefficient d'anisotropie, par classe de diamètre à $x/d_{buse} = 550$, 664, 778 et 892

verticales des plus petites gouttes est moindre et varie peu sur un diamètre de jet.

Les coefficients de dissymétrie et d'aplatissement correspondent davantage aux valeurs caractéristiques des variables gaussiennes, lorsque les statistiques sont construites par classes de tailles, ce qui est illustré FIG.IV.1.46 pour une distance axiale de 892 diamètres de buse. Regrouper les données de vitesses par classes de tailles permet donc d'appliquer les traitements statistiques usuellement employés en monophasique sur des distributions normales, pour traiter les données expérimentales de vélocimétrie collectées dans le spray.

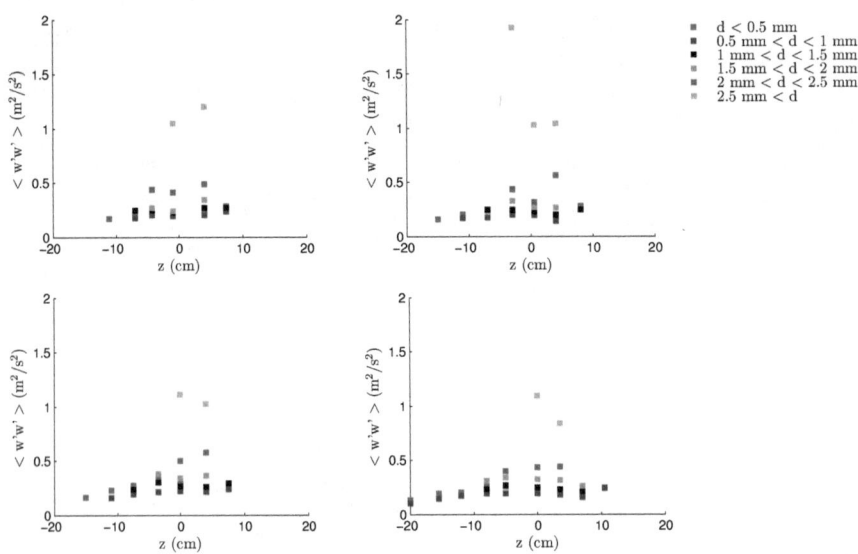

FIGURE IV.1.45: Profils radiaux de la corrélation des fluctuations de vitesse radiale par classe de diamètre
à $x/d_{buse} = 550$, 664, 778 et 892

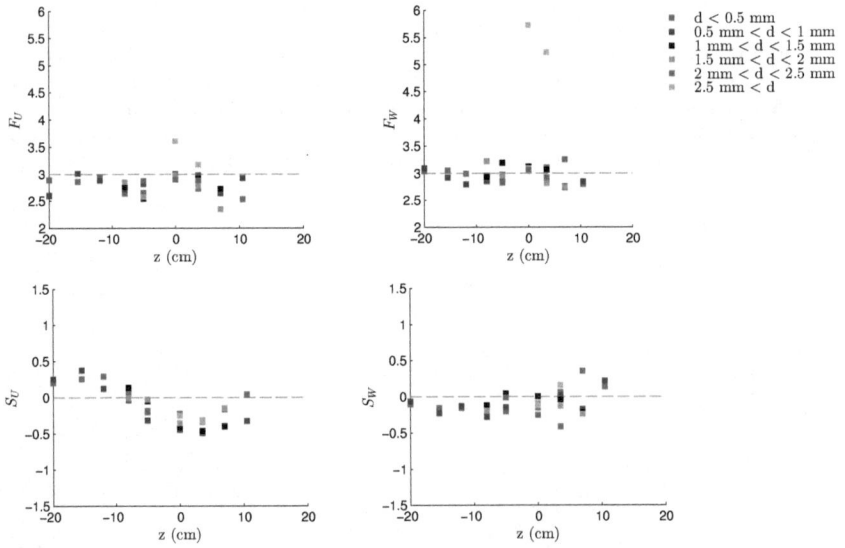

FIGURE IV.1.46: Profils radiaux des coefficients d'aplatissement et de dissymétrie, par classe de diamètre,
à $x/d_{buse} = 892$

Chapitre 2

Résultats numériques et comparaisons

Les résultats numériques présentés dans ce chapitre ont été obtenus à partir du modèle décrit dans la partie III. Le modèle a été appliqué à l'asperseur RB46 présenté au chapitre 1 de la partie II pour prédire l'atomisation d'un jet d'eau à forte vitesse dans de l'air au repos. Les équations et constantes du modèle sont rappelées dans la planche page 114.

Bien que les résultats expérimentaux présentés au chapitre 1 ont clairement montré que la dynamique du spray était influencée par la gravité, celle-ci sera négligée dans la suite et nous ferons l'hypothèse d'un écoulement bidimensionnel axisymétrique. Cette hypothèse nous permet d'une part d'éviter la résolution du modèle sur un maillage tridimensionnel, ce qui, en raison de la dimension du jet, serait très coûteux en temps de calcul. D'autre part, supposer une symétrie axiale de l'écoulement nous permet d'utiliser le code de calcul parabolique *Genmix*, adapté à la résolution d'équations dans les couches limites et décrit dans le chapitre 4 de la partie III.

Les profils radiaux des vitesses moyennes et fluctuantes en sortie de buse n'ont pas pu être obtenus expérimentalement. Afin de pouvoir imposer des profils réalistes en entrée du domaine du calcul, l'écoulement à l'intérieur de la buse a été étudié numériquement à l'aide du code commercial de CFD (Computational Fluid Dynamics) *ANSYS Fluent*. Pour ces calculs, les modèles $k - \epsilon$ et RSM ont été utilisés et montrent une bonne concordance. Les profils radiaux en sortie de buse ont enfin été obtenus par régression à partir des résultats sur le maillage tridimensionel.

Dans un premier temps, nous présenterons les résultats numériques, que nous comparerons aux résultats expérimentaux. Les profils expérimentaux n'étant pas toujours axisymétriques, nous considérerons uniquement dans la suite les données collectées en-dessous de l'axe du jet ($z < 0$), qui possèdent davantage de points de mesure. De plus, bien que les gouttes présentes sous l'axe du jet présentent une vitesse de chute plus importante, les profils expérimentaux obtenus concordent davantage avec les résultats classiquement obtenus dans les études expérimentales de jets turbulents. Enfin, nous examinerons l'influence de différents termes et constantes sur les résultats du modèle, ainsi que l'effet des conditions initiales.

Masse :

$$\frac{\partial \bar{\rho}\tilde{u}_i}{\partial x_i} = 0 \quad \text{avec} \quad \frac{1}{\bar{\rho}} = \frac{\tilde{Y}}{\rho_l} + \frac{1-\tilde{Y}}{\rho_g} \quad \text{et} \quad \begin{cases} \rho_l = 998.2 \ kg/m^3 \\ \rho_g = 1.225 \ kg/m^3 \end{cases}$$

Quantité de mouvement :

$$\frac{\partial \bar{\rho}\tilde{u}_i\tilde{u}_j}{\partial x_j} = -\frac{\partial \bar{p}}{\partial x_i} + \frac{\partial \overline{\tau_{ij}}}{\partial x_j} - \frac{\partial \overline{\bar{\rho}u_i''u_j''}}{\partial x_j}$$

Turbulence :

$$-\overline{\bar{\rho}u_i''u_j''} = \mu_t\left(\frac{\partial \tilde{u}_i}{\partial x_j} + \frac{\partial \tilde{u}_j}{\partial x_i}\right) - \frac{2}{3}\left(\bar{\rho}\tilde{k} + \mu_t\frac{\partial \tilde{u}_k}{\partial x_k}\right)\delta_{ij} \quad \text{avec} \quad \mu_t = C_\mu \bar{\rho}\frac{\tilde{k}^2}{\tilde{\epsilon}} \quad \text{et} \quad C_\mu = 0.09$$

$$\frac{\partial \bar{\rho}\tilde{k}\tilde{u}_i}{\partial x_i} = \frac{\partial}{\partial x_i}\left[\left(\mu + \frac{\mu_t}{\sigma_k}\right)\frac{\partial \tilde{k}}{\partial x_i}\right] - \overline{\bar{\rho}u_i''u_j''}\frac{\partial \tilde{u}_i}{\partial x_j} - \bar{\rho}\tilde{\epsilon} - \overline{u_i''}\frac{\partial \bar{p}}{\partial x_i} - \frac{2}{3}\bar{\rho}\tilde{k}\frac{\partial \tilde{u}_i}{\partial x_i} \quad \text{avec} \quad \sigma_k = 1.0$$

$$\frac{\partial \bar{\rho}\tilde{\epsilon}\tilde{u}_i}{\partial x_i} = \frac{\partial}{\partial x_i}\left[\left(\mu + \frac{\mu_t}{\sigma_k}\right)\frac{\partial \tilde{\epsilon}}{\partial x_i}\right] + C_{\epsilon 1}\frac{\tilde{\epsilon}}{\tilde{k}}P_k - C_{\epsilon 2}\bar{\rho}\frac{\tilde{\epsilon}^2}{\tilde{k}} - C_{\epsilon 1}\frac{\tilde{\epsilon}}{\tilde{k}}\overline{u_i''}\frac{\partial \bar{p}}{\partial x_i} - C_{\epsilon 3}\bar{\rho}\tilde{\epsilon}\frac{\partial \tilde{u}_i}{\partial x_i}$$

avec $\sigma_\epsilon = 1.31$, $C_{\epsilon 1} = 1.6$, $C_{\epsilon 2} = 1.92$ et $C_{\epsilon 3} = 1.0$

Dispersion du liquide :

$$\frac{\partial \bar{\rho}\tilde{u}_i\tilde{Y}}{\partial x_i} = \frac{\partial}{\partial x_i}\left[\frac{\mu_t}{\sigma_Y}\frac{\partial \tilde{Y}}{\partial x_i}\right] \quad \text{avec} \quad \sigma_Y = 5.5$$

Taille des fragments liquides :

$$\frac{\partial \bar{\rho}R\tilde{u}_i}{\partial x_i} = \frac{\partial}{\partial x_i}\left(\frac{\mu_t}{\sigma_Y}\frac{\partial R}{\partial x_i}\right) + \bar{\rho}^2\tilde{Y}V_a - (a+A)\bar{\rho}R$$

$$\text{avec} \quad \begin{cases} A = -\alpha_0 \dfrac{\overline{u_i''u_j''}}{\tilde{k}}\dfrac{\partial \tilde{u}_i}{\partial x_j} \\[3mm] a = \alpha_1\dfrac{\tilde{\epsilon}}{\tilde{k}} + \dfrac{\alpha_2}{(36\pi)^{2/9}}\left(l_t\overline{\Sigma}\right)^{2/3}\left(\dfrac{\rho_l}{\bar{\rho}\tilde{Y}}\right)^{4/9}\tau_t^{-1} \quad \text{et} \quad \alpha_0 = 1, \alpha_1 = 0.5, \alpha_2 = 1, C = 3.2 \\[3mm] V_a = \dfrac{a\rho_l}{3\bar{\rho}\tilde{Y}}\left[C\dfrac{\sigma^{3/5}l_t^{2/5}}{\tilde{k}^{3/5}\rho_l^{3/5}}\left(\dfrac{\bar{\rho}\tilde{Y}}{\rho_l}\right)^{2/15}\right] \end{cases}$$

2.1 Conditions initiales

Les profils radiaux obtenus numériquement sous ANSYS Fluent sont reportés ci-dessous. La vitesse axiale est constante jusqu'à environ $0.4d_{buse}$ puis décroît fortement à l'intérieur d'une couche d'épaisseur $0.1d_{buse}$ en contact avec la paroi (FIG. IV.2.1). Dans cette couche l'énergie cinétique turbulente est plus forte qu'au centre de la buse (FIG. IV.2.2), avec une intensité turbulente I_t pouvant atteindre 20% contre 2% sur l'axe (FIG. IV.2.3). Sur l'axe, l'échelle intégrale de la turbulence est de l'ordre de 5% du diamètre de buse, puis décroît progressivement dans la direction radiale (FIG. IV.2.4). Les profils radiaux de la vitesse axiale et de l'énergie cinétique turbulente sont en bon accord avec ceux préconisés par Smith et al. [81] dans le cas d'une buse cylindrique avec une réduction progressive du diamètre de sortie.

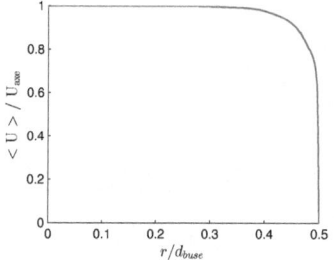

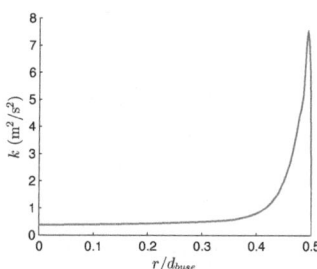

FIGURE IV.2.1: Profil radial de la vitesse axiale en sortie de buse

FIGURE IV.2.2: Profil radial de l'énergie cinétique turbulente en sortie de buse

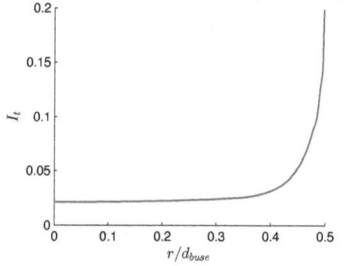

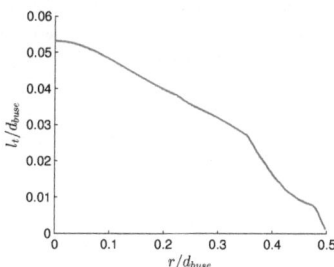

FIGURE IV.2.3: Profil radial de l'intensité turbulente en sortie de buse

FIGURE IV.2.4: Profil radial de l'échelle intégrale de la turbulence en sortie de buse

2.2 Dispersion du liquide et tailles des fragments liquides

L'évolution de la vitesse moyenne axiale du liquide $< U_L >$ sur l'axe est représentée FIG. IV.2.5. Ces vitesses moyennes du liquide sont obtenues numériquement par l'équation Eq. (III.1.26). Le modèle surestime la décroissance de la composante axiale de la vitesse sur l'axe. Dans un premier temps, pour $x/d_{buse} \leq 168$, la décroissance de la composante axiale de la vitesse résulte d'un réarrangement du profil de vitesse et dépend fortement des profils de vitesse et de turbulence imposés en sortie de buse. A partir de $x/d_{buse} = 168$, la décroissance de vitesse est liée à l'épanouissement du jet. Celle-ci est surestimée par le modèle, bien que la demi-largeur du jet $r_{1/2}$ (FIG. IV.2.6) soit sous-estimée.

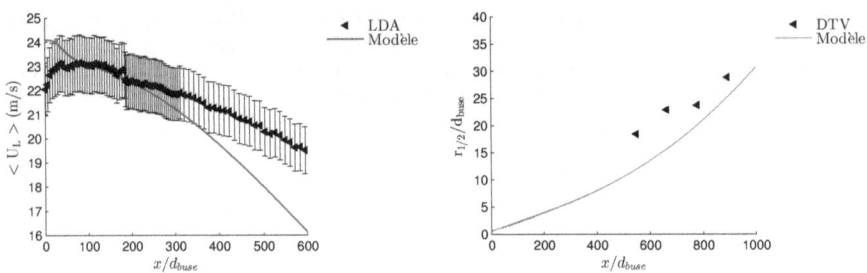

FIGURE IV.2.5: Evolution axiale de la vitesse horizontale

FIGURE IV.2.6: Demi-largeur du jet $r_{1/2}$ normalisée par le diamètre de buse d_{buse}

La longueur du cœur liquide L_{co} peut être définie comme étant la distance axiale à la buse où la fraction volumique sur l'axe est supérieure à 50% [93]. Elle est surestimée par le modèle, avec une longueur environ égale à 211 diamètres de buse (FIG. IV.2.7). Sur l'axe, on ne trouve que du liquide jusqu'à une distance $x/d_{buse} = 168$. Au delà, la concentration volumique du liquide chute brutalement pour atteindre 1.7% à $x/d_{buse} = 600$.

L'erreur commise par le modèle sur le profil radial de la concentration volumique liquide τ, calculée par l'équation Eq. (III.1.15), à $x/d_{buse} = 206$ (FIG. IV.2.8) est une conséquence directe de la surestimation de la longueur du cœur liquide. Néanmoins, les profils radiaux de la concentration volumique liquide sont en très bon accord avec les données expérimentales obtenues par sonde optique, à $x/d_{buse} = 778$ (FIG. IV.2.9) et $x/d_{buse} = 892$ (FIG. IV.2.10).

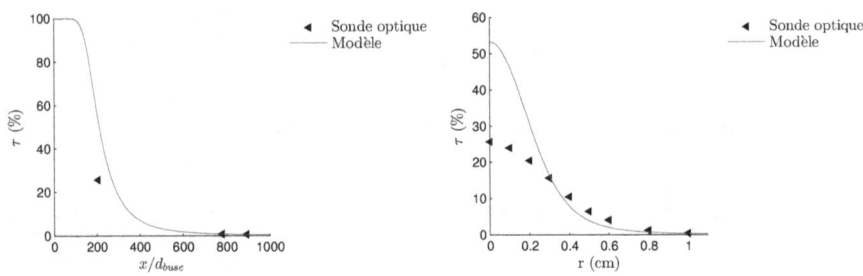

FIGURE IV.2.7: Profil axial de la concentration volumique du liquide sur l'axe

FIGURE IV.2.8: Profil radial de la concentration volumique du liquide à $x/d_{buse} = 206$

Les vitesses moyennes du liquide obtenues numériquement à $x/d_{buse} = 550$ (FIG. IV.2.11) et à $x/d_{buse} = 892$ (FIG. IV.2.12) sont inférieures aux valeurs expérimentales, à la fois sur l'axe,

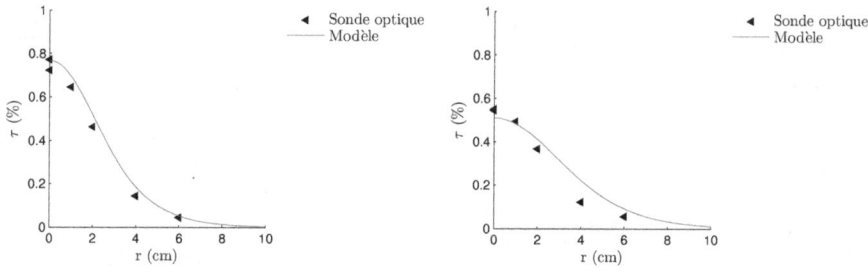

FIGURE IV.2.9: Profil radial de la concentration volumique du liquide à $x/d_{buse} = 778$

FIGURE IV.2.10: Profil radial de la concentration volumique du liquide à $x/d_{buse} = 892$

ce qui avait été précédemment remarqué à partir du profil axial de la vitesse axiale moyenne (FIG. IV.2.5), mais aussi sur l'ensemble du profil. En effet on constate que la vitesse diminue plus rapidement dans la direction radiale que ce qui est observé expérimentalement, comme présenté FIG. IV.2.6. On notera cependant que si ces résultats numériques sous-estiment le flux de liquide $\rho_L < U_L > \tau$ au voisinage de l'axe (FIG. IV.2.13), le débit liquide est bien conservé. Ce point est illustré sur la figure FIG. IV.2.14, où est tracée la fonction $q(r) = 2\pi\rho_l \int_0^r < U_L > \tau R \mathrm{d}R$. Sur ces deux dernières figures, des lois gaussiennes sont utilisées afin de représenter les données expérimentales de concentration et de vitesse axiale liquide. Le débit liquide obtenu est le même pour l'ensemble des profils radiaux et correspond au débit mesuré en sortie de buse.

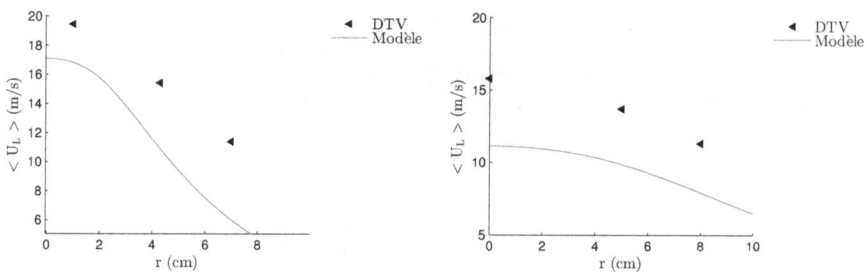

FIGURE IV.2.11: Profil radial de la vitesse axiale à $x/d_{buse} = 550$

FIGURE IV.2.12: Profil radial de la vitesse axiale à $x/d_{buse} = 892$

Dans la suite, les données obtenues numériquement pour le mélange diphasique seront comparées avec les données obtenues sur la phase liquide. Cette approximation peut être considérée comme valable si la masse volumique du mélange diphasique est suffisamment grande devant la masse volumique du gaz. Cette limite peut être fixée arbitrairement à un rapport de masses volumiques $\bar{\rho}/\rho_g$ égal à 5, ce qui correspond à une concentration volumique du liquide égale à 0.6%. Cependant, pour les distances à la buse considérée, cette condition n'est rapidement plus vérifiée quand on s'éloigne radialement de l'axe (FIG. IV.2.9 et FIG. IV.2.10). Afin de comparer les don-

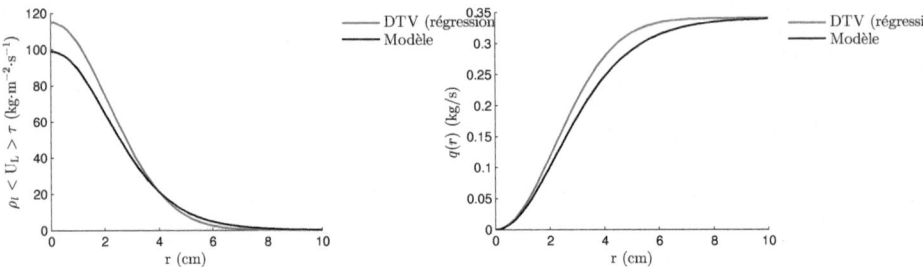

FIGURE IV.2.13: Profil radial du flux massique de   FIGURE IV.2.14: Profil radial du débit massique de
liquide à $x/d_{buse} = 778$ liquide à $x/d_{buse} = 778$

nées numériques et les données expérimentales le long d'un diamètre de jet, il faudrait en toute rigueur reconstruire les grandeurs pour le mélange diphasique, à partir des grandeurs mesurées dans la phase liquide, de celles mesurées dans la phase gazeuse et de la concentration volumique liquide. Les profils radiaux reportés par la suite ne permettent donc pas, *a priori*, d'apporter des éléments de comparaison précis sur l'ensemble des points de mesures, mais permettent toutefois d'apprécier qualitativement les ordres de grandeurs prédits par le modèle.

La dispersion progressive du jet prédite par le modèle est représentée FIG. IV.2.15. A 206 diamètres de buse, la fraction massique sur l'axe est proche de 1, mais du fait du large rapport de masses volumiques, la concentration volumique du liquide correspondante est bien de l'ordre de 50% (FIG. IV.2.8). Lorsque l'on s'éloigne de la buse, le maximum de fraction massique diminue et les profils s'étalent radialement et se rapprochent d'une allure gaussienne. Les profils radiaux des flux turbulents des fluctuations de fraction massique dans la direction radiale sont représentés FIG. IV.2.16. La position du maximum des profils correspond à la zone où le cisaillement est maximum. Cette position se déplace radialement au fur et à mesure que l'on s'éloigne de la buse et que le jet se disperse dans la direction radiale. On constate que la valeur maximale des profils évolue peu tout au long de la dispersion du jet, avec des valeurs comprises entre 0.05 et 0.08 $kg.m^{-2}s^{-1}$.

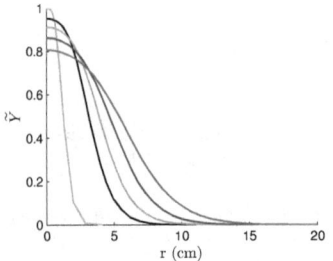

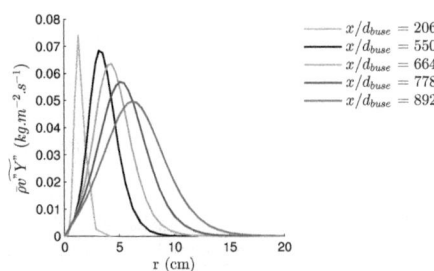

FIGURE IV.2.15: Profils radiaux de la fraction mas-   FIGURE IV.2.16: Profils radiaux du flux turbulent
sique liquide   des fluctuations de fraction mas-
                                                         sique liquide

Les valeurs de l'énergie cinétique turbulente sur l'axe, obtenues numériquement, sont relativement proches des valeurs expérimentales à $x/d_{buse} = 550$, 664, 778 et 892 (FIG. IV.2.17). L'énergie cinétique turbulente reste faible sur l'axe jusqu'à une distance de 168 diamètres de buse, ce qui correspond à la région où on ne trouve que du liquide sur l'axe du jet (FIG. IV.2.7). Au-delà, la couche de mélange atteint l'axe du jet et l'énergie cinétique turbulente augmente fortement sur l'axe. On notera également que la valeur maximale atteinte par l'énergie cinétique turbulente sur l'axe est grande devant les valeurs de l'énergie cinétique turbulente en sortie de buse, ce qui met en relief l'importance de la production d'énergie cinétique turbulente par les gradients de vitesse, par rapport à la turbulence générée dans la buse d'aspersion. Un écart plus important entre numérique et données expérimentales est observé sur les profils radiaux à $x/d_{buse} = 550$ (FIG. IV.2.18) et à $x/d_{buse} = 892$ (FIG. IV.2.19), notamment en ce qui concerne la valeur du maximum d'énergie cinétique turbulente. Cet écart semble toutefois diminuer au fur et à mesure que l'on s'éloigne de la buse. Pour l'ensemble des profils radiaux, la position radiale du maximum d'énergie cinétique turbulente est assez proche des résultats expérimentaux, bien que celle-ci soit légèrement plus proche de l'axe à $x/d_{buse} = 550$.

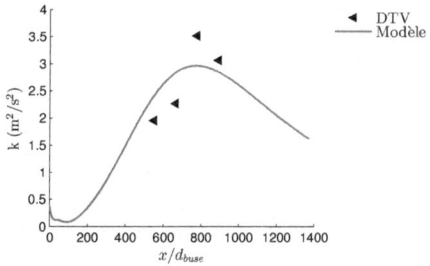

FIGURE IV.2.17: Profil de l'énergie cinétique turbulente sur l'axe

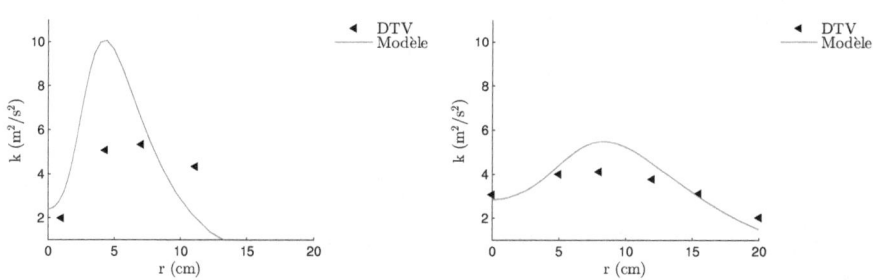

FIGURE IV.2.18: Profil radial de l'énergie cinétique turbulente à $x/d_{buse} = 550$

FIGURE IV.2.19: Profil radial de l'énergie cinétique turbulente à $x/d_{buse} = 892$

De même, les profils radiaux du taux de dissipation turbulente du mélange à $x/d_{buse} = 550$ (FIG. IV.2.20) et à $x/d_{buse} = 892$ (FIG. IV.2.21) sont comparées aux données récoltées sur la phase liquide présentées FIG. IV.1.32. La position du maximum du taux de dissipation turbulente est également bien estimée par le modèle mais les valeurs du taux de dissipation turbulente semblent surestimées sur l'ensemble du profil, et d'autant plus fortement que le cisaillement est fort. Cependant, on notera que cette différence entre valeurs numériques et données expérimentales s'amoindrit avec la distance à la buse.

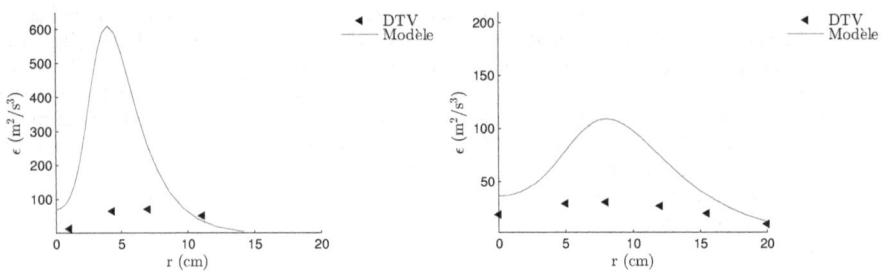

FIGURE IV.2.20: Profil radial du taux de dissipation turbulente à $x/d_{buse} = 550$

FIGURE IV.2.21: Profil radial du taux de dissipation turbulente à $x/d_{buse} = 892$

Les hypothèses qui ont permis d'estimer les valeurs du taux de dissipation turbulente à partir des données expérimentales (FIG. IV.1.32) peuvent également être examinés à partir des résultats numériques. On constate notamment que le modèle prédit une évolution linéaire de l'échelle intégrale turbulente $l_t = C_\mu^{3/4}\tilde{k}^{3/2}/\tilde{\epsilon}$ avec la demi-largeur du jet $r_{1/2}$ (FIG. IV.2.22), avec un coefficient de proportionalité de l'ordre de 0.221, ce qui est légérement supérieur au coefficient recommandé par Melville et Bray [60] qui, en se basant sur les travaux de Launder et Spalding [53], préconisaient un coefficient égal à 0.195. Enfin, on observe que l'échelle intégrale varie peu le long d'un diamètre de jet (FIG. IV.2.23) et considérer celle-ci comme constante sur l'ensemble du profil semble donc être une approximation adaptée au vu des résultats numériques. L'échelle intégrale turbulente n'a pas pu être obtenue expérimentalement durant cette thèse. Les profils reportés FIG. IV.2.22 et FIG. IV.2.23 permettent toutefois d'apprécier le comportement du modèle, qui montre un bon accord avec les résultats expérimentaux que l'on peut trouver dans la littérature.

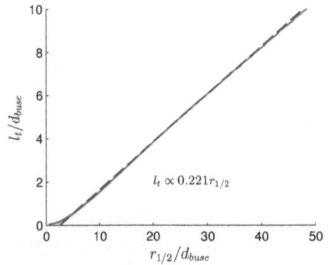

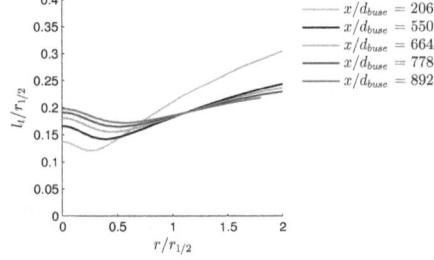

FIGURE IV.2.22: Evolution de l'échelle intégrale sur l'axe avec la demi-largeur du jet

FIGURE IV.2.23: Profils radiaux de l'échelle intégrale de la turbulence adimensionnée par la demi-largeur du jet

Dans la suite, les corrélations de fluctuations de vitesses $\widetilde{u''u''}$, $\widetilde{v''v''}$ et $\widetilde{u''v''}$ sont calculées numériquement par l'hypothèse de viscosité turbulente de Boussinesq (équation Eq. (III.1.27)).

Les fluctuations de vitesses axiales $\widetilde{u''u''}$, calculées par le modèle à l'aide de l'équation Eq. (III.1.27), possèdent des valeurs proches des mesures expérimentales de $< u'u' >$ sur l'axe (FIG. IV.2.24 et IV.2.25). La position des maxima correspond également aux mesures. Cependant, les valeurs de ces maxima sont surestimées par le modèle (jusqu'à 60%).

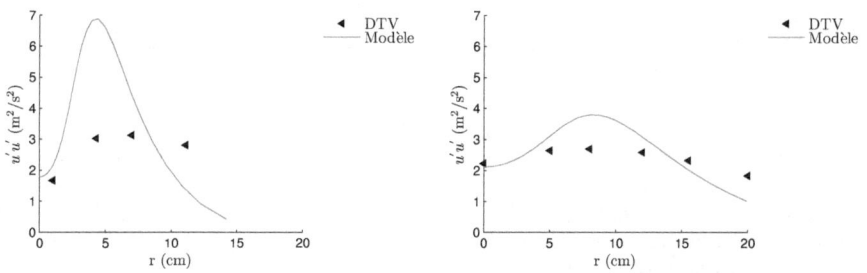

FIGURE IV.2.24: Profil radial des fluctuations de vitesses axiales à $x/d_{buse} = 550$ FIGURE IV.2.25: Profil radial des fluctuations de vitesses axiales à $x/d_{buse} = 892$

En ce qui concerne les fluctuations de vitesses radiales $\widetilde{v''v''}$, les valeurs obtenues numériquement sont beaucoup plus fortes que les données expérimentales (FIG. IV.2.26 et IV.2.27). On remarque aussi que les valeurs prédites par le calcul pour $\widetilde{v''v''}$ sont du même ordre de grandeur que celles de $\widetilde{u''u''}$ présentées précédemment (FIG. IV.2.26 et IV.2.27), et le modèle prédit ainsi un coefficient d'anisotropie très proche de l'unité. Cette isotropie est vraisemblablement une conséquence de l'approximation de Boussinesq (équation Eq. (III.1.27)) puisque dès lors que le spray est suffisamment dispersé et que les effets de variations de masses volumiques deviennent moindres, $\frac{\partial u_k}{\partial x_k} \approx 0$ et l'hypothèse de viscosité turbulente de Boussinesq conduit alors à $\widetilde{u'u'} \approx \widetilde{v'v'}$. Cependant, comme expliqué au chapitre précédent, l'anisotropie de la phase liquide, qui a par ailleurs été observée dans les sprays et les jets de particules par un certain nombre d'auteurs, ne résulterait pas de la turbulence du gaz mais pourraient être expliquée par d'autres mécanismes. Hardalupas et al.[31] constatent en effet dans des jets de particules, avec des forts nombres de Stokes, que les fluctuations de la vitesse radiale de l'air sont plus grandes que les fluctuations de vitesses des particules, alors que le contraire est observé en ce qui concerne les fluctuations de vitesse axiale. En conséquence, la phase dispersée pourrait être davantage anisotrope que la phase porteuse.

Les corrélations des fluctuations de vitesse axiale et radiale $\widetilde{u''v''}$ à $x/d_{buse} = 550$ (FIG. IV.2.28) et à $x/d_{buse} = 892$ (FIG. IV.2.29) semblent surestimées par le modèle, ce qui a probablement pour conséquence une surestimation de la production d'énergie cinétique turbulente P_k par le cisaillement, celle-ci étant calculée comme : $P_k = -\widetilde{u''v''}\frac{\partial \widetilde{u}}{\partial r}$. Dans le modèle, la corrélation $\widetilde{u''v''}$ est calculée à partir de l'approximation de Boussinesq (équation Eq. (III.1.27)) comme : $\widetilde{u''v''} = -\nu_t \frac{\partial \widetilde{u}}{\partial r}$. La surestimation de la corrélation $\widetilde{u''v''}$ provient plus vraisemblablement d'une surestimation de la viscosité turbulente μ_t plutôt que d'une erreur sur les gradients de vitesses (FIG. IV.2.11 et FIG. IV.2.12). En effet, l'erreur commise sur les gradients de vitesse $\frac{\partial \widetilde{u}}{\partial r}$, au maximum de l'ordre de 10%, ne permet pas d'expliquer l'erreur commise sur la corrélation $\widetilde{u''v''}$,

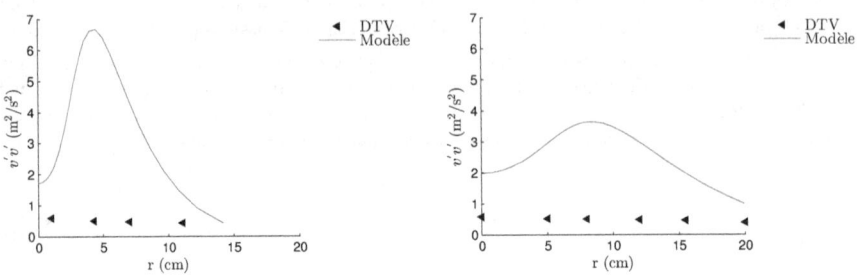

FIGURE IV.2.26: Profil radial des fluctuations de vitesses radiales à $x/d_{buse} = 550$

FIGURE IV.2.27: Profil radial des fluctuations de vitesses radiales à $x/d_{buse} = 892$

qui peut atteindre jusqu'à sept fois la valeur expérimentale (FIG. IV.2.11). La surestimation de
la viscosité turbulente pourrait provenir du fait que la valeur de la constante C_μ déterminée
expérimentalement (FIG. IV.1.34), de l'ordre de 0.01, est inférieure à la valeur de la constante
C_μ choisie pour le modèle et égale à 0.09, et rappelée dans la planche page 114).

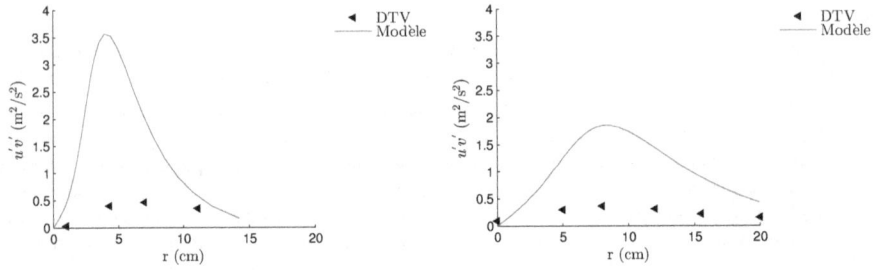

FIGURE IV.2.28: Profil radial de la corrélation des
fluctuations de vitesse axiale et radiale à $x/d_{buse} = 550$

FIGURE IV.2.29: Profil radial de la corrélation des
fluctuations de vitesse axiale et radiale à $x/d_{buse} = 892$

Sur la figure FIG. IV.2.30, on observe que la viscosité turbulente μ_t est grande devant la
viscosité dynamique du liquide μ_l. Ce profil permet de valider le fait que la modélisation de la
viscosité du mélange a peu d'impact sur la solution, puisque pour la plupart des modélisations
couramment utilisées dans la littérature, et présentées dans la section 1.3.4 du chapitre 1 de la
partie III, la viscosité dynamique du mélange μ varie, selon la composition, entre la viscosité
dynamique du liquide μ_l et celle du gaz μ_g.

La taille des gouttes est correctement prédite par le modèle aux positions $x/d_{buse} = 778$
(FIG. IV.2.31) et $x/d_{buse} = 892$ (FIG. IV.2.32). A ces abscisses, les diamètres moyens de Sauter
$d_{32} = 6R/\rho_l$ obtenus sont supérieurs aux diamètres d'équilibre $d_{eq} = 2r_{eq}$ calculés par le modèle
à l'aide de l'équation Eq. (III.2.24), et les tailles des gouttes vont continuer à décroître dans la
direction axiale.

Les profils radiaux des vitesses de glissement entre phases, calculées par le modèle à l'aide de
l'équation Eq. (III.1.19), sont représentées FIG. IV.2.33. On observe un glissement minimum sur

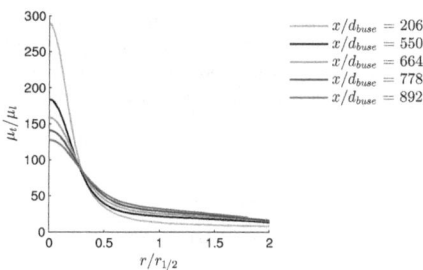

FIGURE IV.2.30: Profils radiaux de la viscosité turbulente adimensionnée par la viscosité dynamique du liquide

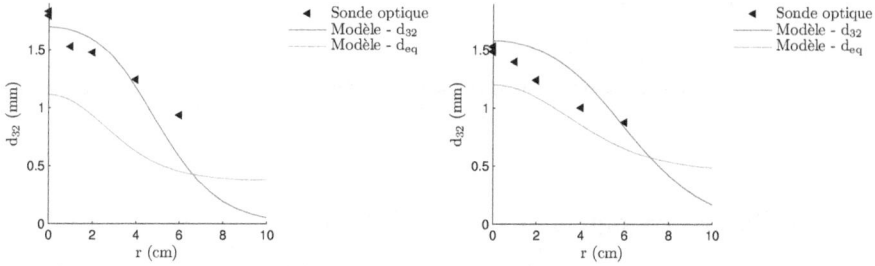

FIGURE IV.2.31: Profil radial du diamètre moyen de Sauter d_{32} à $x/d_{buse} = 778$

FIGURE IV.2.32: Profil radial du diamètre moyen de Sauter d_{32} à $x/d_{buse} = 892$

l'axe. La position du maximum de glissement correspond à la position du cisaillement maximum, c'est-à-dire à la position du gradient maximal de vitesse, que l'on peut déterminer à partir des profils radiaux de la vitesse horizontale précédemment présentés FIG. IV.2.11 pour $x/d_{buse} = 550$ et FIG. IV.2.12 pour $x/d_{buse} = 892$. La valeur maximale de la vitesse de glissement n'excède pas 0.4 m/s, ce qui est négligeable devant les valeurs de vitesses axiales moyennes $\tilde{u}$ mais également devant les fluctuations de vitesses axiales $\sqrt{\widetilde{u''u''}}$.

Le nombre de Stokes St permet de déterminer la capacité d'une goutte à suivre le fluide environnant. Pour des nombres de Stokes grand devant l'unité, une goutte sera peu affectée par l'écoulement (régime inertiel). Au contraire, pour des nombres de Stokes petits devant un la goutte sera un traceur de l'écoulement. Le nombre de Stokes est défini par le rapport du temps de relaxation τ_R d'une goutte et du temps caractéristique de l'écoulement, qui est ici un temps turbulent τ_t, soit :

$$St = \frac{\tau_R}{\tau_t} \tag{IV.2.1}$$

Pour calculer le temps de relaxation d'une goutte on se placera en première approximation dans le régime de Stokes et τ_R sera calculé comme :

$$\tau_R = \frac{\rho_l d_{32}^2}{18 \mu_g} \tag{IV.2.2}$$

Le temps turbulent τ_t sera calculé à partir de l'énergie cinétique turbulente et de son taux de dissipation comme $\tau_t = \tilde{k}/\tilde{\epsilon}$. Les profils du nombre de Stokes sont reportés FIG. IV.2.34. On peut remarquer que les nombres de Stokes calculés par le modèle sont très grands devant l'unité, ce qui peut expliquer pourquoi la turbulence de l'air ne parvient pas à mélanger efficacement les gouttes liquides.

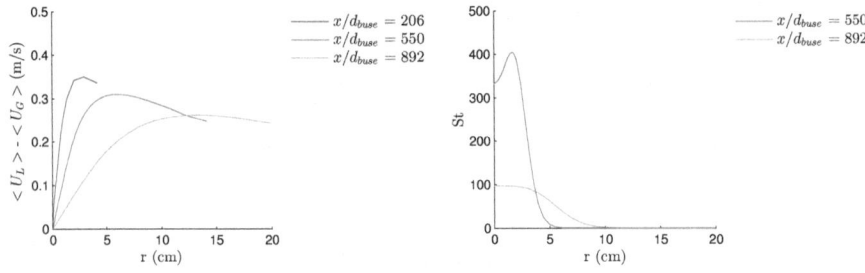

FIGURE IV.2.33: Profils radiaux de la composante axiale de la vitesse de glissement moyenne

FIGURE IV.2.34: Profils radiaux du nombre de Stokes

2.3 Bilans des équations de transport

L'importance relative des différents termes de production intervenant dans l'équation de transport de la variable R (équation Eq. (III.2.41)), qui permet de modéliser une taille caractéristique des fragments liquides, est mise en relief FIG. IV.2.35 pour une distance $x/d_{buse} = 892$. On remarque que près de l'axe, c'est-à-dire là où la concentration volumique du liquide est la plus forte, le terme de production d'interface par collisions a_{coll}, défini par l'équation Eq. (III.2.9), est prédominant. Par ailleurs, le terme de production d'interface à l'échelle macroscopique A (équation Eq. (III.2.3)) est maximum dans la zone de fort cisaillement décrite sur la figure FIG. IV.2.29, et dans la zone où la concentration volumique du liquide est plus faible A est du même ordre de grandeur que a_{coll}. Enfin, le terme a_{turb} (équation Eq. (III.2.5)) représente environ $1/3$ de la contribution de $A + a_{coll}$ sur l'ensemble du profil.

Les termes prédominants dans l'équation de transport de l'énergie cinétique turbulente (équation Eq. (III.1.35)) à $x/d_{buse} = 550$ (FIG. IV.2.36) et à $x/d_{buse} = 892$ (FIG. IV.2.37) sont les termes de production par les gradients de vitesses $P_k = \mu_t \left(\frac{\partial \tilde{u}}{\partial r}\right)^2$ et le terme de destruction par dissipation turbulente $E_k = -\bar{\rho}\tilde{\epsilon}$. Ces deux termes s'équilibrent dans la zone des profils où l'énergie cinétique turbulente est maximale. Plus proches de l'axe, les termes sources liés aux gradients de pression $G_k = -\overline{v''}\frac{\partial \bar{p}}{\partial r}$ et à la dilatation $\chi_k = -\frac{2}{3}\bar{\rho}\tilde{k}\frac{\partial \tilde{u}_i}{\partial x_i}$ ne sont pas nuls et contribuent à la destruction d'énergie cinétique turbulente. Cependant, cette constatation peut être nuancée par le fait que les termes de gradients de pressions et de dilatation sont faibles dans la zone où la production d'énergie cinétique turbulente est maximale. L'ajout de ces termes dans les équations de transport de $\tilde{k}$ et $\tilde{\epsilon}$ a donc un effet modéré sur les résultats numériques.

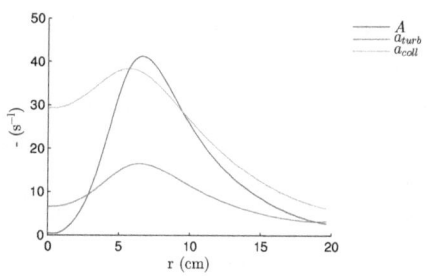

FIGURE IV.2.35: Importance relative des différents termes de production intervenant dans l'équation de transport de la densité volumique d'interface $\overline{\Sigma}$, à $x/d_{buse} = 892$

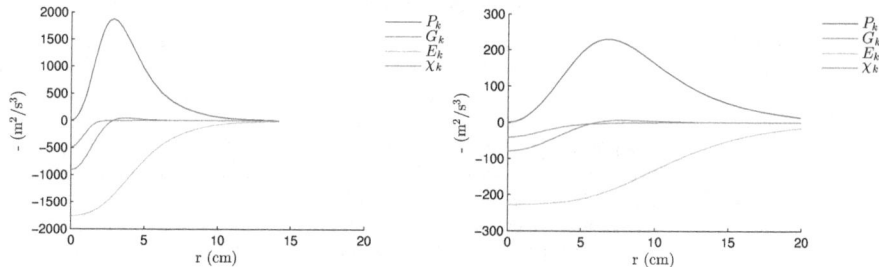

FIGURE IV.2.36: Bilan des termes de production et destruction intervenant dans l'équation de transport de l'énergie cinétique turbulente, à $x/d_{buse} = 550$

FIGURE IV.2.37: Bilan des termes de production et destruction intervenant dans l'équation de transport de l'énergie cinétique turbulente, à $x/d_{buse} = 892$

2.4 Influence des profils d'entrée, en sortie de buse

2.4.1 Influence de la condition d'entrée de R

La variable $R = \frac{\bar{\rho}\widetilde{Y}}{\overline{\Sigma}}$, permettant de modélisation la taille des fragments liquides, n'est pas définie en sortie de buse puisqu'alors la densité volumique d'interface $\overline{\Sigma}$ est nulle. Il est cependant nécessaire d'imposer arbitrairement une valeur à cette variable en sortie de buse. L'effet de cette condition d'entrée est représentée FIG. IV.2.38 pour trois cas particuliers. Le premier correspond à un diamètre caractéristique des gouttes égal au diamètre de buse, soit $R = \rho_l d_{buse}/6$. La deuxième condition $R = 1.89\rho_l d_{buse}/6$ correspond aux diamètres des gouttes qui seraient produites dans le régime de Rayleigh[90]. Enfin une dernière condition est examinée où une valeur nulle est imposée à la variable R. Les résultats montrent que, pour les trois cas considérés, la condition d'entrée n'a pas d'influence sur les résultats dès lors que l'on est assez éloigné de la buse, c'est-à-dire dans la zone dispersée du spray, ce qui est en accord avec les observations de Kadem [46]. Les résultats numériques présentés FIG. IV.2.31 et FIG. IV.2.31 sont donc bien indépendants de la valeur choisie.

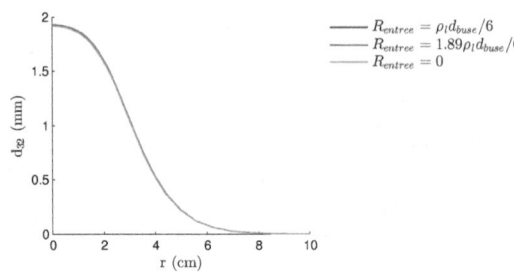

FIGURE IV.2.38: Effet de la condition d'entrée de R sur les profils du diamètre moyen de Sauter, à $x/d_{buse} = 550$

2.4.2 Influence des profils de vitesse et de turbulence

Comme annoncé dans la section 2.1, les profils de vitesses et de turbulence n'ont pas pu être obtenus expérimentalement en sortie de buse. Si des résultats numériques obtenus sous *ANSYS Fluent* ont permis d'obtenir des profils réalistes en sortie de buse, il est nécessaire d'examiner l'effet de ces profils quant à la dispersion du jet. Dans ce but, nous avons comparé les résultats obtenus pour différents profils imposés en sortie de buse (FIG. IV.2.39). Le premier cas concerne les profils obtenus numériquement sous *ANSYS Fluent* et présentés dans la section 2.1 (cas 1 :référence). Dans un deuxième temps, nous avons considéré un profil de vitesse de type « haut de forme » (*top-hat*) avec une couche limite d'épaisseur $e = 0.06d_{buse}/2$ (cas 2). Dans la partie centrale de ce profil, représentant 94% du rayon de buse, la vitesse est supposée constante, puis décroît linéairement avec la position radiale dans la couche limite :

$$\left\{ \begin{array}{l} U(r) = U_{axe} \\ U(r) = -\frac{U_{axe}}{e}\left[r - \left(\frac{d_{buse}}{2} - e\right)\right] + U_{axe} \end{array} \right. \quad \text{pour} \quad \left\{ \begin{array}{l} r \leq 0.5d_{buse} - e \\ r > 0.5d_{buse} - e \end{array} \right. \quad \text{(IV.2.3)}$$

où la vitesse U_{axe} est déterminée afin que le débit de liquide à travers la buse soit le même que celui mesuré expérimentalement. Enfin, nous avons considéré une intensité turbulente plus importante dans la couche d'épaisseur e où la vitesse varie, tandis que dans cette couche l'échelle intégrale de la turbulence est choisie comme étant de l'ordre de 5% de e.

$$\left\{ \begin{array}{l} I_t(r) = 2\% \\ I_t(r) = 10\% \end{array} \right. \quad \text{et} \quad \left\{ \begin{array}{l} l_t(r) = 0.07d_{buse} \\ l_t(r) = 0.05e \end{array} \right. \quad \text{pour} \quad \left\{ \begin{array}{l} r \leq 0.5d_{buse} - e \\ r > 0.5d_{buse} - e \end{array} \right. \quad \text{(IV.2.4)}$$

avec $e = 0.03d_{buse}$. En dernier lieu, nous avons considéré des profils plats, qui correspondent à une épaisseur de couche limite nulle ($e = 0$), avec une vitesse axiale constante, une intensité turbulente constante égale à 2% et une échelle intégrale constante égale à $l_t = 7\%d_{buse}$ (cas 3). Finalement, les profils de $\tilde{k}$ et $\tilde{\epsilon}$ sont obtenus de manière classique à partir des profils de l'intensité turbulente I_t et de l'échelle intégrale l_t avec les relations $\tilde{k} = \frac{3}{2}(UI_t)^2$ et $\tilde{\epsilon} = C_\mu^{3/4}\frac{\tilde{k}^{3/2}}{l_t}$. Dans tous les cas, la vitesse maximale sur l'axe a été ajustée afin de conserver le débit mesuré expérimentalement et la vitesse radiale est supposée nulle en sortie de buse.

On constate sur la FIG. IV.2.39 que les profils de concentration volumique obtenus à $x/d_{buse} = 778$ sont très proches pour les trois profils considérés. Ceci provient du fait que dans le cœur liquide, les profils de vitesse se réarrangent rapidement et l'énergie cinétique turbulente produite par les gradients de vitesse devient rapidement largement supérieure à l'énergie cinétique turbulente en sortie de buse.

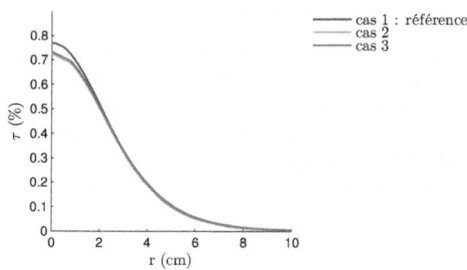

FIGURE IV.2.39: Effet des profils d'entrée sur les profils de concentration volumique liquide τ, à $x/d_{buse} = 778$

2.5 Influence de différentes constantes ou termes du modèle

2.5.1 Influence du rapport de masses volumiques sur la longueur de cœur liquide

Selon Chehroudi *et al.* [13], la longueur du cœur liquide L_{co} adimensionée par le diamètre de buse d_{buse} dépend linéairement de $\sqrt{\frac{\rho_l}{\rho_g}}$ (Eq. (IV.2.5)) :

$$\frac{L_{co}}{d_{buse}} = C_{co}\sqrt{\frac{\rho_l}{\rho_g}} \qquad\qquad (IV.2.5)$$

avec C_{co} une constante qui, selon les auteurs, est comprise entre 3.3 et 11.

Afin d'examiner si cette dépendance était correctement prédite par le modèle, différents calculs ont été effectués en faisant varier le rapport de masses volumiques ρ_l/ρ_g. La masse volumique du gaz est gardée constante et égale à $\rho_g = 1.225 kg/m^3$ tandis que la masse volumique du liquide varie de $\rho_l = 25 kg/m^3$ à $\rho_l = 998.2 kg/m^3$. La longueur du liquide est définie, comme à la section 2.2, comme la distance à la buse où la concentration volumique du liquide atteint 50%. Les résultats, présentés FIG. IV.2.40 montrent que la dépendance linéaire de la longueur de cœur liquide avec la racine carré du rapport de masses volumiques $\sqrt{\rho_l/\rho_g}$ est correctement prédite par le modèle avec un coefficient de proportionalité de l'ordre de 7.4, très proche de la valeur égale à 7 recommandée par Cheroudi *et al.*[13].

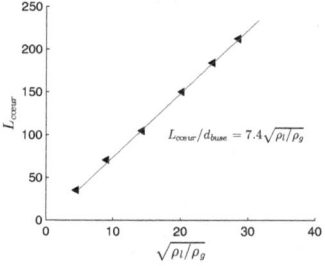

FIGURE IV.2.40: Longueur du cœur liquide prédite par le modèle

2.5.2 Influence de la constante $C_{\epsilon 1}$

Afin d'améliorer la prédiction de l'épanouissement du jet, la constante $C_{\epsilon 1}$ intervenant dans l'équation de transport du taux de dissipation turbulente $\tilde{\epsilon}$ (équation Eq. (III.1.40)) a été prise égale à 1.6, ce qui a précédemment été argumenté dans la section 1.4 du chapitre 1 de la partie III. Comme illustré sur les profils radiaux de la vitesse axiale à $x/d_{buse} = 550$, utiliser la valeur classique de la constante $C_{\epsilon 1}$ recommandée par Launder *et al.* [52], soit $C_{\epsilon 1} = 1.44$, conduit à surestimer la dispersion du jet (FIG. IV.2.41) avec une vitesse axiale qui décroît trop rapidement sur l'axe et une demi-largeur de jet qui croît trop fortement avec la distance à la buse.

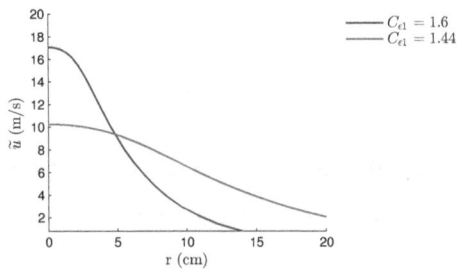

FIGURE IV.2.41: Influence de la constante $C_{\epsilon 1}$ sur le profil de la vitesse axiale, à $x/d_{buse} = 550$

2.5.3 Influence des termes de gradients de pression et de dilatation

L'effet des termes de gradients de pression et des termes de dilatation, ajoutés aux équations de transport de $\tilde{k}$ et $\tilde{\epsilon}$ pour tenir compte de la variation de la masse volumique du mélange, a également été examiné. Les profils de concentration volumique liquide à $x/d_{buse} = 778$ sont reportés à la figure FIG. IV.2.42. Ils sont obtenus en prenant en compte les termes de gradients de pression et de dilatation (cas 1 : référence), uniquement les termes de gradients de pression (cas 2), uniquement les termes de dilatation (cas 3) et ni les termes de gradients de pression ni les termes de dilatation (cas 4). Comme annoncé précédemment dans la section 2.3, ces termes ont un effet modéré sur la dispersion du jet. On observe dans les deux cas que l'ajout de ces termes diminue la dispersion prédite par le modèle. Cependant, l'ajout du terme de gradients de pression a un effet moindre en comparaison de l'ajout du terme de dilatation.

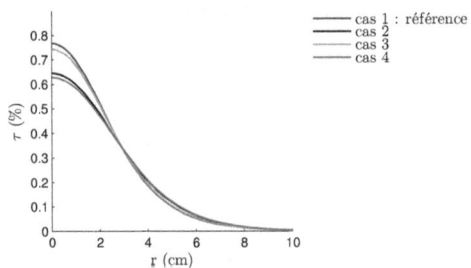

FIGURE IV.2.42: Influence des termes de gradients de pression et de dilatation, à $x/d_{buse} = 778$

2.5.4 Influence de la constante C

La constante C intervient dans la formulation du rayon d'équilibre r_{eq} (équation Eq. (III.2.24)) caractérisant l'équilibre entre la fragmentation et la coalescence de gouttes entrant en collisions. Afin d'examiner l'effet de cette constante sur les profils radiaux du diamètre moyen de Sauter d_{32}, différentes valeurs ont été testées. Le premier cas correspond à la valeur $C = 1.2$ qui a été utilisée par Vallet [91], Kadem [46] et De Luca [58]. Le second cas correspond à une valeur de C égale à 2.5, employée par García *et al.* [28]. Puis nous reportons les résultats obtenus avec une valeur de C égale à 3.2, qui est la valeur que nous avons retenue. Les profils du diamètre moyen de Sauter à $x/d_{buse} = 550$ illustrent l'influence de la valeur de la constante C sur les résultats (FIG. IV.2.43), et montrent une dépendance quasi linéaire, même si le diamètre moyen de Sauter est alors largement supérieur au diamètre d'équilibre d_{eq}, comme c'est le cas à $x/d_{buse} = 778$ (FIG. IV.2.31) et $x/d_{buse} = 892$ (FIG. IV.2.32). Cependant, si la valeur retenue $C = 3.2$ semble mieux décrire les résultats expérimentaux, il faut garder à l'esprit que les résultats obtenus pour le diamètre moyen de Sauter dépendent très fortement des profils obtenus pour la vitesse et la turbulence. Il est ainsi vraisemblable que cette constante nécessite d'être réajustée selon la modélisation retenue pour décrire la dispersion du jet.

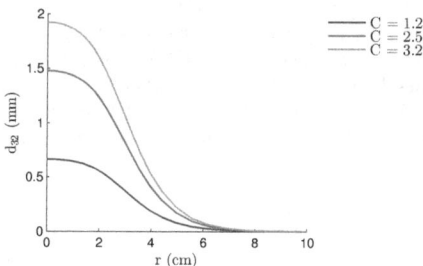

FIGURE IV.2.43: Influence de la constante C sur les profils du diamètre moyen de Sauter à $x/d_{buse} = 550$

2.5.5 Influence de la constante α_0

La constante α_0 intervient dans la production de densité d'interface au niveau macroscopique, par étirement de l'interface par les gradients de vitesse (équation Eq. (III.2.3)). Cette valeur est prise égale à 1, valeur qui a également été utilisée par Vallet [91], Kadem [46] et De Luca [58]. Les valeurs $\alpha_0 = 2.5$ et $\alpha_0 = 5$ sont également testées afin d'observer la sensibilité des résultats vis-à-vis de cette constante. On constate sur la figure FIG. IV.2.44 que les profils radiaux du diamètre moyen de Sauter à $x/d_{buse} = 550$ varient peu avec la valeur choisie pour α_0. On observe cependant un bon comportement du modèle, psuiqu'une augmentation de α_0 conduit bien à une diminution du diamètre moyen de Sauter, liée à une plus grande production d'interface par les gradients de vitesses moyennes. Enfin, le faible effet de α_0 tient au fait que près de l'axe, là où les gouttes sont les plus grosses, le terme de production A tend rapidement vers zéro (FIG. IV.2.35).

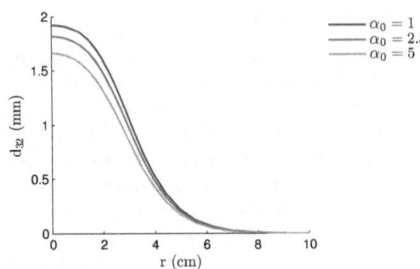

FIGURE IV.2.44: Influence de la constante α_0 sur les profils du diamètre moyen de Sauter à $x/d_{buse} = 550$

2.5.6 Influence de la constante α_1

La constante α_1 est liée à la production d'interface par la turbulence (équation Eq. (III.2.5)). Cette constante est prise égale à 0.5, conformément aux travaux de Vallet [91], Kadem [46], De Luca [58] et Belhadef [8]. Considérant les valeurs $\alpha_1 = 0.5$, $\alpha_1 = 1$ et $\alpha_1 = 5$, on constate que le diamètre moyen de Sauter diminue avec α_1 (FIG. IV.2.45), bien que cette constante intervienne à la fois dans les termes de production a_{turb} (équation Eq. (III.2.5)) et de destruction d'interface V_a (équation Eq. (III.2.15)). Cependant, on remarque que doubler la valeur de α_1 ne modifie pas de manière significative les profils radiaux du diamètre moyen de Sauter.

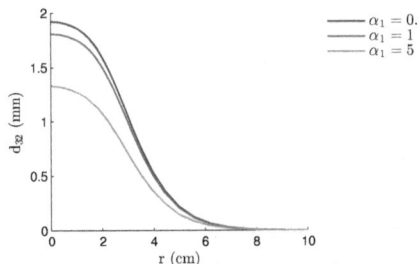

FIGURE IV.2.45: Influence de la constante α_1 sur les profils du diamètre moyen de Sauter à $x/d_{buse} = 550$

2.5.7 Influence de la constante α_2

La constante α_2 intervient, comme α_1, à la fois dans les termes de production par collision et de destruction de surface liquide (équation Eq. (III.2.9)). Cette constante est prise égale à 1. On constate que, encore une fois, augmenter la valeur de la constante conduit à une diminution du diamètre moyen de Sauter (FIG. IV.2.46), dans une proportion semblable à celle observée pour la constante α_1.

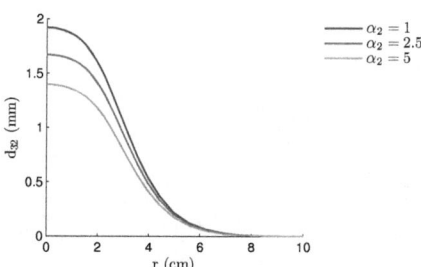

FIGURE IV.2.46: Influence de la constante α_2 sur les profils du diamètre moyen de Sauter à $x/d_{buse} = 550$

Conclusion générale et perspectives

Ce travail de thèse porte sur l'étude de la fragmentation d'un jet d'eau turbulent dans de l'air au repos, situation qui s'apparente à l'irrigation par aspersion. Cette technique d'irrigation, très répandue en Europe, souffre d'un manque d'homogénéité de l'apport d'eau et une partie de l'eau est perdue, par évaporation ou par dérive. Mieux maîtriser la taille et la dispersion des gouttes devraient permettre d'optimiser le processus de fragmentation et *in fine* d'améliorer les performances des systèmes d'irrigation par aspersion. Ce point nécessite de comprendre et de caractériser les mécanismes d'atomisation intervenant dans le jet, ce qui est l'objectif de ce doctorat.

La taille et la vitesse des gouttes sont obtenues dans le spray par imagerie. Cette technique permet de visualiser l'écoulement, ne nécessite pas *a priori* que les gouttes soient sphériques et permet d'estimer les tailles de celles-ci dans une large gamme de diamètres. De plus, la précision de la mesure des tailles des gouttes a été estimée et améliorée à l'aide d'un dispositif de calibration. Une attention particulière a été portée aux volumes de mesures du système d'imagerie et à la sensibilité de la détection des gouttes floues dans les images. La vélocimétrie des gouttes est obtenue à partir des images à l'aide d'un algorithme de suivi de gouttes. Ces expérimentations ont été complétées par des mesures de concentration volumique, à l'aide de sondes optiques, et des mesures de vitesse par vélocimétrie laser.

Les statistiques de vitesses, obtenues par imagerie, ont été reconstruites pour l'ensemble des gouttes présentes dans le spray à une position donnée, et par classes de taille. Les résultats expérimentaux de vélocimétrie ont montré que la dispersion du jet était beaucoup plus faible que celle habituellement observée sur des jets monophasiques et mettent en lumière l'importance de l'inertie des gouttes dans la dispersion du spray. Par ailleurs, une forte anisotropie de la turbulence de la phase liquide a été observée. On observe une dépendance assez forte de la vélocimétrie des gouttes avec leur taille. Les données granulométriques obtenues dans le spray sont bien représentées par une loi log-normale, paramétrée par le Diamètre Moyen de Sauter des gouttes, défini dans la section 2.2 du chapitre 2 de la partie I.

Afin de modéliser l'atomisation du jet, nous avons utilisé un modèle de mélange, permettant une représentation Eulérienne de l'écoulement diphasique comme celui d'un seul fluide dont la masse volumique varie, selon sa composition, entre la masse volumique de l'air et celle de l'eau. La modélisation de la turbulence repose sur le modèle $\left(\tilde{k}, \tilde{\epsilon}\right)$, écrit pour un écoulement à masse volumique variable. La dispersion du liquide est calculée en résolvant une équation de transport pour la fraction massique moyenne du liquide $\tilde{Y}$. La fermeture du flux turbulent de fraction massique liquide est modifiée afin de tenir compte des faibles valeurs observées pour la corrélation des fluctuations de vitesses radiales et de l'anisotropie des composantes du tenseur de Reynolds. Finalement, une taille caractéristique des gouttes est obtenue par l'introduction d'une variable représentant la densité volumique d'interface liquide/gaz $\overline{\Sigma}$. L'équation de transport de cette variable permet la modélisation de différents mécanismes de fragmentation et de coalescence : rupture par les gradients de vitesse, rupture par la turbulence et collisions.

Ce modèle a été implémenté dans un code parabolique, *GENMIX*, et appliqué à un asperseur utilisé en irrigation. La longueur du cœur liquide est légèrement surestimée. Les profils radiaux de concentration volumique liquide sont toutefois bien prédits par le modèle dans la zone dispersée du spray. De même, les profils transversaux du Diamètre Moyen de Sauter sont très proches des mesures expérimentales dans les zones de comparaison. La composante axiale de la vitesse moyenne du liquide, obtenue par le modèle, a été comparée aux données obtenues sur l'axe par Anémométrie Doppler Laser (LDA). La comparaison de ces profils montre que sur l'axe la vitesse axiale calculée numériquement décroît trop fortement. En ce qui concerne la turbulence, la comparaison entre les résultats numériques et expérimentaux est délicate puisque, expérimentalement, seule les fluctuations de vitesses du liquide sont obtenues, tandis que les variables du modèle qui sont liées à la turbulence sont construites pour le mélange diphasique. Le modèle semble toutefois bien prédire l'énergie cinétique turbulente sur l'axe, là où le spray est encore suffisamment dense pour que l'on puisse supposer que l'énergie cinétique turbulente du mélange est proche de celle du liquide. Les résultats numériques montrent une isotropie des fluctuations de vitesses, qui découle probablement de l'hypothèse de viscosité turbulente de Boussinesq, adoptée ici pour modéliser les composantes du tenseur de Reynolds. Cependant, bien qu'une forte anisotropie de la phase liquide ait été constatée expérimentalement, il est difficile de conclure quant au mélange diphasique. L'influence des conditions d'entrée est analysée. Il apparaît que celles-ci influencent peu les profils radiaux obtenus dans la zone dispersée du spray, l'énergie cinétique turbulente produite dans la buse devenant de fait bien plus faible que celle générée par les gradients de vitesse en périphérie du jet. L'influence des termes liés aux fluctuations de la masse volumique, à savoir le terme de corrélation fluctuation de vitesse radiale - gradient de pression et le terme de dilatation, est examinée. L'ajout de ces termes dans les équations de turbulence permet de diminuer la diffusion radiale du liquide. Enfin, l'influence de différentes constantes du modèle est étudiée.

Les résultats du modèle apportent beaucoup d'éléments intéressants permettant d'améliorer notre compréhension de la physique du jet. Afin d'améliorer la modélisation, il serait intéressant de caractériser la turbulence du gaz dans le spray. Ces données permettront de reconstruire les variables moyennées pour le mélange diphasique et conduiront à des éléments de comparaison quantitatifs entre modélisation et expériences. Par ailleurs, afin d'améliorer la prédiction de la décroissance de la composante axiale de vitesse sur l'axe, d'autres modèles de turbulence pourront être envisagés. Dans le futur, il sera important d'obtenir les profils de vitesse et de turbulence en sortie de buse. Pour cela, la conception de buses transparentes pourrait être envisagée. Ces buses permettraient également d'examiner d'éventuels phénomènes de cavitation ou de dégazage dans la buse. Enfin, dans un dernier temps, et afin d'analyser l'influence des conditions extérieures, comme le vent ou l'évaporation sur la dispersion et la granulométrie du spray, les techniques expérimentales développées pourraient s'appliquer à l'étude d'un jet liquide turbulent en interaction avec un écoulement d'air turbulent.

Annexes

Annexe A

Transformée en ondelette

La transformée en ondelette $W_{\Psi,f}$ est le résultat du produit de convolution de l'image à analyser I avec une ondelette bidimensionnelle $\Psi_{\vec{b},a}$, paramétrée par deux coefficients : le paramètre de dilatation a et celui de translation b. L'opération de convolution peut ainsi s'écrire :

$$W_{\Psi,f}\left(\vec{b},a\right) = I\left(\vec{X}\right) \otimes \Psi_{\vec{b},a}\left(\vec{X}\right) \qquad \text{(IV.A.1)}$$

où $\vec{X}$ représente un pixel de l'image I.

Dans l'équation Eq. (IV.A.1) ci-dessus, l'ondelette $\Psi_{\vec{b},a}$ est définie à partir d'une ondelette de référence Ψ, qui est une fonction oscillante, à moyenne nulle :

$$\Psi_{\vec{b},a}\left(\vec{X}\right) = \frac{1}{\sqrt{a}}\Psi\left(\frac{\vec{X}-\vec{b}}{a}\right), a > 0 \qquad \text{(IV.A.2)}$$

où a et $\vec{b}$ sont respectivement les paramètres de dilatation et de translation de l'ondelette $\Psi_{\vec{b},a}$. Le vecteur $\vec{b}$ permet de positionner le centre de l'ondelette sur un pixel à analyser. Le paramètre a permet de dilater l'ondelettte et donc de modifier la sensibilité de l'analyse à différentes fréquences d'oscillations spatiales des niveaux de gris dans l'image. Dans la pratique, augmenter le coefficient de dilatation permet d'augmenter la sensibilité de la détection vis-à-vis des gouttes en fort défaut de mise au point.

Durant cette thèse, l'ondelette de référence choisie est une ondelette appelée « chapeau mexicain » ou « mexican hat », qui est définie à partir de l'équation Eq. (IV.A.3). Celle-ci est sensible aux concavités de niveaux de gris dans l'image et est donc particulièrement pertinente dans le cas où des objets se trouvent devant un fond lumineux uniforme.

$$\Psi(r) = \left(1 - r^2\right)e^{-\frac{r^2}{2}} \qquad \text{(IV.A.3)}$$

L'équation Eq. (IV.A.3) définit une surface qui est représentée FIG. IV.A.1. Cette surface est ensuite discrétisée afin de construire un filtre carré d'ordre n, n étant ajusté en fonction de la valeur du paramètre de dilatation a de l'ondelette choisi : $n = 7a + 1$. Les figures FIG. IV.A.2 et IV.A.3 montrent deux exemples de résultats obtenus après une transformation en ondelette. La transformée en ondelette pouvant être composée de coefficients aussi bien positifs que négatifs, ses valeurs sont ajustées pour permettre sa représentation sous forme d'image en 256 niveaux de gris : la valeur nulle de la transformée en ondelette est associée à la valeur 127 de niveaux de gris et l'histogramme des valeurs est enfin normalisé pour obtenir la plus grande dynamique de niveaux de gris possible. Cependant cet aspect ne concerne que la visualisation de la transformée en ondelette. La figure FIG. IV.A.2 est obtenu avec un filtre de taille 19×19 pixels, tandis que pour la figure FIG. IV.A.3 un filtre de taille 71×71 pixels est utilisé. Augmenter la taille du filtre

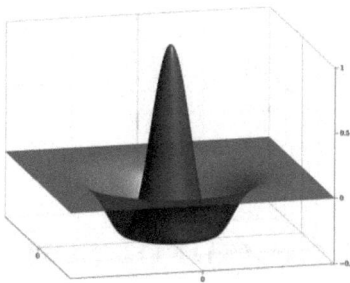

FIGURE IV.A.1: Ondelette « chapeau mexicain », ou « mexican hat »

revient bien à augmenter la sensibilité de l'analyse vis-à-vis des gouttes floues : toutes les gouttes sont bien détectées avec le filtre de taille 71×71 tandis que certains contours de gouttes floues sont mal capturés par le filtre de taille 19×19 pixels.

La somme des valeurs composant le filtre est retranchée à sa valeur centrale afin de garantir que la somme des valeurs du filtre est exactement nulle.

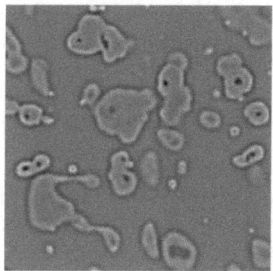 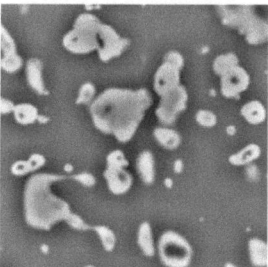

FIGURE IV.A.2: T.O. avec un filtre de 19×19 pixels   FIGURE IV.A.3: T.O. avec un filtre de 71×71 pixels

Annexe B

Stratégies de calcul sous *ANSYS Fluent*

Une stratégie de calcul a été développée afin d'améliorer la convergence et la stabilité numérique des solutions obtenues sous *ANSYS Fluent*. Celle-ci se base sur le constat que, pour des petits rapports de masses volumiques, une solution stable et convergée est obtenue avec relativement peu d'itérations, tandis qu'avec un rapport de masses volumiques plus important, obtenir une solution convergée est beaucoup plus difficile. Une des raisons pouvant expliquer ces difficultés numériques est que lors d'une itération, les flux aux centres des faces des mailles du calcul nécessitent d'être interpolés à partir des valeurs aux centres des mailles. Cette interpolation peut être la cause d'une sous-estimation ou sur-estimation des flux aux faces, qui sont corrigés par sous-itérations successives. Cependant, l'erreur commise lors de l'interpolation aux faces est d'autant plus importante que le rapport de masses volumiques est élevé, puisqu'alors une petite erreur sur la fraction massique liquide peut conduire à une erreur importante sur la masse volumique du mélange.

Afin d'éviter que ces erreurs relatives à l'estimation des flux déstabilisent la solution, la stratégie adoptée consiste à approcher la solution finale à partir de solutions obtenues avec des plus petits rapports de masses volumiques. Cette méthode de calcul nous a permis d'obtenir des solutions convergées et stables jusqu'à un rapport de masses volumiques $\rho_l/\rho_g = 30$, ce qui est comparable aux conditions de calcul utilisées par Beau [7] et Lebas [54] pour modéliser l'atomisation de jets Diesel. Cependant, ce rapport de masses volumiques est bien en deçà du rapport de masse volumique $\rho_l/\rho_g = 880$ qui correspond à nos conditions expérimentales.

Un premier code en *bash* est utilisé afin d'exporter dans un fichier « residuals-rhoX.dat » la valeur des résidus normalisés, c'est-à-dire tels qu'ils apparaissent dans le *Text user Interface* d'*Ansys Fluent*. Ce code est exécuté automatiquement à la fin de chaque itération.

residual.jou :

```
(define port) (set! port (open-output-file "residuals-rhoX.dat"))
(do ((i 0 (+ i 1))) ((= i (length (solver-residuals)))) (format port "~a ~2t" (cdr
    (list-ref (solver-residuals) i))) ) (newline port)
(close-output-port port)
```

Une première « User Defined Function » *DEFINE_INIT* est d'abord utilisée pour l'initialisation afin d'obtenir une première solution avec une masse volumique constante. Une « User Defined Function » de type *DEFINE_ADJUST*, écrite en langage C, est ensuite utilisée à la fin de chaque itération afin de lire la valeur des résidus dans le fichier « residuals-rhoX.dat » et, si la solution est suffisamment convergée, d'augmenter le rapport de masses volumiques. Afin de tester la convergence des solutions de manière automatique le critère arbitraire qui est utilisé est que tous les résidus doivent être inférieurs à 10^{-5}.

myudf.c :

```
#include "udf.h"
#define TAILLE_MAX 1000
#define RHOG 1.225

int count_iterations;
real rhol;

DEFINE_INIT(init_residuals,domain)
{
count_iterations = 0;
rhol = RHOG;
}

DEFINE_ADJUST(residual_list,domain){
  FILE* fichier = NULL;
  char chaine[TAILLE_MAX] = '';
  long double res1, res2, res3, res4, res5, res6, res7, res8, res9, res10;

  count_iterations++;

  /*Lecture du fichier contenant les érsidus de chaque variable*/
  fichier = fopen('residuals-rhoX.dat', 'r');
  if (fichier != NULL)
  {
    fgets(chaine, TAILLE_MAX, fichier);
    sscanf(chaine, "%Le %Le %Le %Le %Le %Le %Le %Le %Le %Le", &res1, &res2, &res3,
        &res4, &res5, &res6, &res7, &res8, &res9, &res10);
    fclose(fichier);

    /*Si la solution a éconverg, on augmente le rapport de masses volumiques*/
    if((res1<1.e-5)&&(res2<1.e-5)&&(res3<1.e-5)&&(res4<1.e-5)&&(res5<1.e-5)&&(res6
        <1.e-5)&&(res7<1.e-5)&&(res8<1.e-5)&&(res9<1.e-5)&&(res10<1.e-5))
    {
      if(rhol<10)
      {
        rhol = rhol+1;
      }
      else if((rhol>=10)&&(rhol<998.2))
      {
        rhol=rhol+2;
      }
      else
      {
        rhol = 998.2;
      }
    }
  }
}
```

Les UDFs utilisées pour l'implémentation du modèle sous *ANSYS Fluent* sont décrites dans [8].

Annexe C

Estimation de la vitesse moyenne

Le logiciel *ImageJ* a été utilisé afin d'obtenir une estimation rapide de la vitesse moyenne à partir des images obtenues par imagerie rapide. La méthode employée suppose que dans les images traitées il n'y a pas de recirculation, c'est-à-dire que l'ensemble des gouttes présentes dans l'image évoluent toutes dans la même direction. Le déplacement moyen des gouttes entre deux images successives est alors estimé par déconvolution. En effet, considérant deux images successives I_1 et I_2 où les objets présents dans I_2 se sont déplacés d'un vecteur $(\Delta x, \Delta y)$ par rapport à leur position dans I_1, on peut écrire :

$$I_2(x,y) = I_1(x + \Delta x, y + \Delta y)$$

Le rapport $\hat{R}(x,y)$ des transformées de Fourier de I_1 et I_2 s'exprime alors :

$$\hat{R}(x,y) = \frac{\hat{I}_2}{\hat{I}_1} = exp\,(2ik_x\Delta x)\,exp\,(2ik_y\Delta y)$$

Enfin, en repassant dans le domaine spatial par transformée de Fourier inverse, on obtient :

$$R(x,y) = \delta(x - \Delta x) * \delta(y - \Delta y)$$

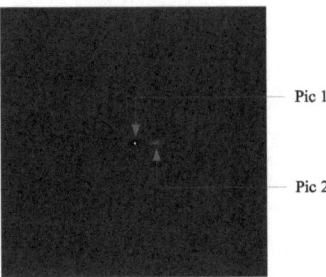

FIGURE IV.C.1: Resultat $R(x,y)$ de la Déconvolution de deux images successives, dans le domaine spatial

Un exemple d'image $R(x,y)$ obtenue est représentée FIG. IV.C.1. Sur l'image, un premier pic correspond au fond de l'image (déplacement nul) tandis que la position du deuxième pic correspond au déplacement moyen des gouttes entre les deux images. Par ailleurs, ce pic aura une intensité d'autant plus forte que l'écart-type de vitesse sera faible. Dans notre cas, les gouttes ont des vitesses relativement voisines sur l'axe et ce pic est toujours suffisamment représentatif.

Enfin, la vitesse moyenne des gouttes est calculée à partir du déplacement moyen et de la cadence d'acquisition de la caméra. Un bon accord a été trouvée entre les vitesses obtenues sous ImageJ et le profil de vitesses axiales sur l'axe mesurées par LDA.

```
cleanUp();
setBatchMode(true);

//////////////////////////////////////////////////////
// Data
//////////////////////////////////////////////////////
dir    = "G:\\RB46";
pos    = "position2";
subdir = "3.5bars-"+pos+"_C001H001S0001_resized";

// Parametres camera
Frequency = 7500;
kv =   4403;
ku =  -4411;

// On compte le nombre de fichiers presents dans le repertoire
files_list=getFileList(dir + "\\" + pos + "\\ProcessedData\\" + subdir);
num=lengthOf(files_list);
if(files_list[num-1]=="Thumbs.db")
{
     num=num-1;
}

// On importe la sequence
filename    = dir + "\\" + pos + "\\ProcessedData\\" + subdir + "\\resized_0000.
    tif";
run("Image Sequence...", "open=["+filename+"] number=["+num+"] starting=0
    increment=1 scale=100 file=[] or=[] sort");
rename("Seq");
stackname=getTitle();
nFrames=nSlices();

v       = newArray(nFrames-2);
u       = newArray(nFrames-2);
t       = newArray(nFrames-2);
Corr    = newArray(nFrames-2);
angle   = newArray(nFrames-2);


//////////////////////////////////////////////////////
// Plot initialization
//////////////////////////////////////////////////////

for(i=2; i<nFrames; i++) {

  showProgress(i/nFrames);

  //////////////////////////////////////////////////////
  // On fait une deconvolution sur les FFT et on revient dans le domaine spatial
  //////////////////////////////////////////////////////
  selectWindow(stackname);
  setSlice(i-1);
  run("FFT");
  rename("fft1");
  name_fft1=getTitle();
```

```
selectWindow(stackname);
setSlice(i+1);
run('FFT');
rename('fft2');
name_fft2=getTitle();

run('FD Math...', 'image1=['+name_fft2+']  operation=Deconvolve image2=['+
    name_fft1+'] result=Result do');


/////////////////////////////////////////////////
// On ferme les fenetres de calculs intermediaires (FFT)
/////////////////////////////////////////////////
selectWindow(name_fft1);close();
selectWindow(name_fft2);close();


/////////////////////////////////////////////////
// Calcul du deplacement moyen entre les deux images
/////////////////////////////////////////////////
getMinAndMax(poub, max_deconv1);
max_deconv2 = 0;
  width = getWidth();
  for (y=0; y<width; y++)
  {
    for (x=0; x<width; x++)
    {
      value = getPixel(x,y);
      if ((value>max_deconv2)&(value<max_deconv1))
      {
        max_deconv2 = value;
        xmax = x;
        ymax = y;
      }
    }
  }

  Corr[i-2] = max_deconv2/max_deconv1;
  if(xmax==width) xmax=width/2;
  if(ymax==width) ymax=width/2;
  v[i-2]     = (xmax-width/2)*Frequency/kv/2;   //v = Delta_x/Delta_t
  u[i-2]     = (ymax-width/2)*Frequency/ku/2;   //u = Delta_y/Delta_t
  t[i-2]     = i/Frequency;
  angle[i-2] = atan(u[i-2]/v[i-2])*180/PI;
  if(v[i-2]<0) {v[i-2]=0;u[i-2]=0;angle[i-2]=0;}
  selectWindow('Result');
  close();
}

selectWindow(stackname);
close();

setBatchMode('exit and display');

Array.getStatistics(u, min1, max1, mean1, stdDev1);
Array.getStatistics(v, min2, max2, mean2, stdDev2);
Array.getStatistics(Corr, min3, max3, mean3, stdDev3);
Array.getStatistics(angle, min4, max4, mean4, stdDev4);

Plot.create('U(t)', 't (s)', 'u (m/s)', t, u);
Plot.addText('Mean: '+round(100*mean1)/100+'  Std: '+round(100*stdDev1)/100,0,0);
Plot.show;
```

```
Plot.create('V(t)", "t (s)", "v (m/s)", t, v);
Plot.addText("Mean: "+round(100*mean2)/100+"  Std: "+round(100*stdDev2)/100,0,0);
Plot.show;
Plot.create('Correlation", "t (s)", "Corr", t, Corr);
Plot.addText("Mean: "+round(100*mean3)/100+"  Std: "+round(100*stdDev3)/100,0,0);
Plot.show;
Plot.create("Angle(t)", "t (s)", "Angleř()", t, angle);
Plot.addText("Mean: "+round(100*mean4)/100+"  Std: "+round(100*stdDev4)/100,0,0);
Plot.show;

savedir     = dir + "\\" + pos + "\\Results\\" + subdir;
SaveValues(savedir) ;
SaveAllPlots(savedir) ;


/////////////////////////////////////////////////
// Fonctions
/////////////////////////////////////////////////

function printArray(a1,a2,a3,a4,a5)
{
  print("");
  for (i=0; i<a1.length; i++)
  print(a1[i] + " "+ a2[i] + " "+ a3[i] + " "+ a4[i] + " "+ a5[i]);
}

function cleanUp()
{
  requires("1.30e");
  if (isOpen('Results'))
  {
    selectWindow('Results');
    run('Close' );
  }
  if (isOpen('Log'))
  {
    selectWindow('Log');
    run('Close' );
  }
  while (nImages()>0)
  {
    selectImage(nImages());
    run('Close');
  }
}

function SaveAllPlots(savedir)
{
  if(nImages>0)
  {
    for (ImIndex=1; ImIndex<=nImages(); ImIndex++)
    {
      selectImage(ImIndex);
      saveAs('Tiff', savedir+"\\"+getTitle());
    }
  }
}

function SaveValues(savedir)
{
  // Close "Log" window
  if (isOpen('Log'))
```

```
{
    selectWindow("Log");
    run("Close");
}
print("t(s)  u(m/s)   v(m/s)   angle(°) Corr");
printArray(t,u,v,angle, Corr );
selectWindow("Log");
saveAs("Text",savedir+"\\"+"values.xls");
run("Close");
}
```

Table des figures

Bibliographie

[1] D. G. A. L. AARTS et H. N. W. LEKKERKERKER : Droplet coalescence : drainage, film rupture and neck growth in ultralow interfacial tension systems. *J. Fluid. Mech.*, 606:275–294, 2008. 29

[2] A. ALISEDA, A. CARTELLIER, F. HAINAUX et J. C. LASHERAS : Effect of preferential concentration on the settling velocity of heavy particles in homogeneous isotropic turbulence. *J. Fluid. Mech.*, 468:77–105, 2002. 29

[3] M. AMIELH, J. D. GIORGETTI, J. P. HEICHELBECH et A. TCHIFTCHIBACHIAN : Granulométrie et vélocimétrie de l'atomisation primaire d'un jet liquide par analyse d'image. *In $10^{\grave{e}me}$ Congrès francophone de Techniques Laser*, Toulouse, France, 2006. 94

[4] S. V. APTE, M. GOROKHOVSKI et P. MOIN : LES of atomizing spray with stochastic modeling of secondary breakup. *International Journal of Multiphase Flow*, 29:1503–1522, 2003. 28

[5] S. V. APTE, K. MAHESH, M. GOROKHOVSKI et P. MOIN : Stochastic modeling of atomizing spray in a complex swirl injector using Large Eddy Simulation. *Proceedings of the Combustion Institute*, 32(2):2257–2266, 2009. 28

[6] P. BAILLY, M. CHAMPION et D. GARRÉTON : Counter-gradient diffusion in a confined turbulent premixed flame. *Physics of Fluids*, 9(3):766–775, 1997. 74

[7] P. A. BEAU : *Modélisation de l'atomisation d'un jet liquide - Application aux sprays Diesel*. Thèse de doctorat, Université de Rouen, 2006. 69, 70, 73, 75, 76, 77, iii

[8] A. BELHADEF : *Contribution à la modélisation de la pulvérisation agricole : atomisation et transport*. Thèse de doctorat, Université de Marseille Provence, 2010. 73, 77, 130, iv

[9] A. BENKENIDA : *Développement et validation d'une méthode de simulation d'écoulements diphasiques sans reconstruction d'interfaces. Application à la dynamique des bulles de Taylor*. Thèse de doctorat, Institut National Polytechnique de Toulouse, 1999. 61

[10] W. BERGWERK : Flow pattern in Diesel nozzle spray holes. *Proceedings of the Institute of Mechanical Engineers*, 173(25):655–660, 1959. 26

[11] T. BOEDEC : *Caractérisation d'un spray dense et à grande vitesse par diagnostics optiques*. Thèse de doctorat, Ecole Centrale de Lyon, 1999. 95, 100, 109

[12] H. CHAVES, B. MULHEM et F. OBERMEIER : Comparison of high speed stroboscopic pictures of spray structures of a Diesel spray with numerical calculations based on a convective instability theory. *In ILASS*, Toulouse, France, 1999. 26

[13] B. CHEHROUDI, Y. ONUMA, S. S. CHEN et F. V. BRACCO : On the intact core of full-cone sprays. *Society of Automotive Engineers*, 94(1):1764–1773, 1985. 127

[14] N. CHEN, T. KUHL, R. TADMOR, Q. LIN et J. ISRAELACHVILI : Large deformations during the coalescence of fluid interfaces. *Physical Review Letters*, 92(2):245011–245014, 2004. 29

[15] N. CHIGIER : Optical imaging of sprays. *Progress in Energy and Combustion Science*, 17:211–262, 1991. 45

[16] W. H. CHOU, L. P. HSIANG et G. M FAETH : Temporal properties of drop breakup in the shear breakup regime. *International Journal of Multiphase Flow*, 23(4):651–669, 1997. 92

[17] R. CLIFT, J. R. GRACE et M. E. WEBER : *Bubbles, Drops and Particles*. Academic Press, New York, 1978. 75

[18] B. B. DALLY, D. F. FLETCHER et A. R. MASRI : Flow and mixing fields of turbulent bluff-body jets and flames. *Combust. Theory Modelling*, 2:193–219, 1998. 64

[19] G. G. DAVES, R. O. BUCKIUS, J. E. PETERS et A. R. SCHROEDER : Morphology descriptors of irregularly shaped particles from two-dimensional images. *Aerosol Science and Technology*, 19(2):199–212, 1993. 45, 91

[20] F. X. DEMOULIN, G. BLOKKEEL, A. MURA et R. BORGHI : A new model for turbulent flows with large density fluctuatins : application to liquid atomization. *Atomization and Sprays*, 17:315–345, 2007. 73

[21] D. A. DREW : Mathematical modelling of two-phase flow. *Annual review of fluid mechanics*, 15:261–291, 1983. 75

[22] N. DUMONT : *Modélisation de l'écoulement diphasique dans les injecteurs Diesel*. Thèse de doctorat, INP Toulouse, 2004. 26

[23] C. DUMOUCHEL : On the experimental investigation on primary atomization of liquid streams. *Experiments in Fluids*, 45(3):371–422, 2008. 25, 27

[24] H. EROGLU, N. CHIGIER et Z. FARAGO : Coaxial atomizer liquid intact lengths. *Physics of Fluids*, 3:303–308, 1991. 24

[25] W. K. Brown et K. H. WOHLETZ : Derivation of the weibull distribution based on physical principles and its connection to the rosin-rammler and lognormal distributions. *Journal of Applied Physics*, 78(4):2758–2763, 1995. 30

[26] G. M. FAETH : Structure and atomization properties of dense turbulent sprays. *In Twenty-third Symposium (International) on Combustion, Université d'Orléans, France*, 1990. 25, xi

[27] I. FRANKEL et D. WEIHS : Influence of viscosity on the capillary instability of a stretching jet. *J. Fluid. Mech.*, 185:361–383, 1987. 29

[28] J. M. GARCÍA-OLIVIER, J. M. PASTOR, A. PANDAL, N. TRASK et D. P. SCHMIDT : Assessment of an eulerian atomization model on Diesel spray CFD simulations. *In 12th Triennial International Conference on Liquid Atomization and Spray Systems*, 2012. 129

[29] T. GEORJON : *Contribution à l'étude des interactions gouttelettes-gaz dans un écoulement diphasique de type « jet Diesel »*. Thèse de doctorat, Ecole Centrale de Lyon, 1998. 94

[30] M. A. GOROKHOVSKI et V. L. SAVELIEV : Analyses of kolmogorovŠs model of breakup and its application into lagrangian computation of liquid sprays under air-blast atomization. *Physics of Fluids*, 15(1):184–92, 2003. 30

[31] Y. HARDALUPAS, A. M. K. P. TAYLOR et J. H. WITHELAW : Velocity and particle flux characteristics of turbulent particle-laden jets. *Proceedings of the Royal Society of London A.*, 426:31–76, 1989. 121

[32] J. O. HINZE : Fundamentals of the hydrodynamic mechanism of splitting in dispersion processes. *American Institute of Chemical Engineering Journal*, 1:289–295, 1955. 28

[33] J. O. HINZE : *Turbulent fluid and particle interaction*, volume 6. Progress in Heat and Mass Transfer, 1971. 110

[34] J. O. HINZE : *Turbulence*. Mac Graw Hill, New York, 1975. 94

[35] K. HISHIDA, A. ANDO et M. MAEDA : Experiments on particle dispersion in a turbulent mixing layer. *International Journal of Multiphase Flow*, 18(2):181–194, 1992. 110

[36] K. HISHIDA et M. MAEDA : Turbulent characteristics of gas-solids two-phase confined jet : Effect of particle density. *Japanese journal of Multiphase Flow*, 1:59–69, 1997. 109

[37] J. W. HOYT et J. J. TAYLOR : Waves on water jets. *Journal of Fluid Mechanism*, 83(1):119–127, 1977. 27

[38] L. P. HSIANG et G. M. FAETH : Near-limit drop deformation and secondary breakup. *International Journal of Multiphase Flow*, 18(5):635–652, 1992. 92

[39] H. J. HUSSEIN, S. P. B. CAPPS et W. K. GEORGE : Velocity measurements in a high Reynolds number, momentum conserving, axisymmetric, turbulent jet. *J. Fluid. Mech.*, 258:31–75, 1994. 75, 100, 101

[40] S. S. HWANG, Z. LIU et R. D.REITZ : Breakup mechanism and drag coefficients of high speed vaporizing liquid drops. *Atomization and Sprays*, 6:353–376, 1996. 28

[41] M. ISHII : *Thermo-fluid dynamic theory of two-phase flow*. Eyrolles, 1975. 75

[42] M. ISHII : *Thermo-fluid dynamic theory of two-phase flow*. Springers, 2006. 75

[43] V. A. IYER et J. ABRAHAM : Modeling of Diesel sprays using an Eulerian liquid eulerian gas two-fluid model. *ASME*, 2001. 69

[44] V. A. IYER, J. ABRAHAM et V. MAGI : Exploring injected droplet size effects on steady liquid penetration in a Diesel spray with a two-fluid model. *International Journal of Heat and Mass Transfer*, 45:519Ű531, 2002. 69

[45] Y. J. JIANG, A. UMEMURA et C. K. LAW : An experimental investigation on the collision behavior of hydrocarbon droplets. *J. Fluid. Mech.*, 234:171–190, 1992. 29

[46] N. KADEM : *Atomisation du jet d'un canon d'irrigation : modélisation eulérienne et validation*. Thèse de doctorat, Université d'Aix-Marseille II, 2005. 46, 71, 73, 74, 77, 79, 125, 129, 130

[47] K. U. KOH, J. Y. KIM et S. Y. LEE : Determination of in-focus criteria and depth of field in image processing of spray particles. *Atomization and Sprays*, 11(4):317–333, 2001. 43, 44

[48] A. N KOLMOGOROV : On the lognormal distribution of fragment sizes under grinding. *Dokl. Akad. Nausk. SSSR*, 31:99–101, 1941. 30

[49] A. N KOLMOGOROV : On the disintegration of drops in a turbulent flow. *Dokl. Akad. Nauk SSSR*, 66:825–828, 1949. 28

[50] A. KUBOTA, H. KATO et H. YAMAGUCHI : A new modeling of cavitated flow : a numerical study of unsteady cavitation on a hydrofoil section. *J. Fluid. Mech.*, 240, 1992. 61

[51] S. LAÍN et R. ALIOD : Study on the eulerian dispersed phase equations in non-uniform two-phase flows : discussion and comparison with experiments. *International Journal of Heat and Fluid Flow*, 21:374–380, 2000. 109

[52] B. E. LAUNDER, A. P. MORSE, W. RODI et D. B. SPALDING : The prediction of free shear flows - a comparison of six turbulence models. *NASA SP-311*, 1972. 64, 128

[53] B. E. LAUNDER et D. B. SPALDING : *Mathematical Models of Turbulence*. Academic Press, London, 1972. 120

[54] R. LEBAS : *Modélisation Eulérienne de l'Atomisation Haute Pression - Influences sur la Vaporisation et la Combustion Induite*. Thèse de doctorat, Université de Rouen, 2007. 70, 73, 77, iii

[55] A. LECUONA, P. A. RODRIGUEZ, P. A. SOSA et R. I. ZEQUEIRA : Volumetric characterization of dispersed two-phase flows by digital image analysis. *Measurement Science and Technology*, 11(8):1152–1161, 2000. 43

[56] S. Y. LEE et Y. D. KIM : Sizing of spray particles using image processing technique. 9e *ICLASS Proceeding*, 2003. 44

[57] Z. LIU et D. REITZ : An analysis of the distortion and breakup mechanism of high speed liquid drops. *International Journal of Multiphase Flow*, 23(4):631–650, 1997. 28

[58] M. DE LUCA : *Contribution à la modélisation de la pulvérisation d'un liquide phytosanitaire en vue de réduire les pollutions*. Thèse de doctorat, Université de la Méditerranée, Aix-Marseille II, 2007. 73, 74, 129, 130

[59] W. O. H. MAYER et R. BRANAM : Atomization characteristics on the surface of a round liquid jet. *Experiments in Fluids*, 36(4):528–539, 2004. 90

[60] W. K. MELVILLE et C. BRAY : A model of the two-phase turbulent jet. *International Journal of Heat and Mass Transfer*, 22:647–656, 1979. 102, 120

[61] D. MODARRES, J. WUERER et S. ELGOBASHI : An experimental study of a turbulent round two-phase jet. *Chemical Engineering Communications*, 28(4-6):341–354, 1984. 109

[62] A. P. MORSE : *Axisymmetric Turbulent Shear Flows with and without Swirl*. Thèse de doctorat, London University, 1977. 64

[63] A. A. MOSTAFA, H. C. MONGIA, V. G. MCDONELL et G. S. SAMUELSEN : Evolution of particle laden jet flows : A theorical and experimental study. *AIAA Journal*, 27:167–183, 1989. 109

[64] S. V. PATANKAR : *Numerical heat transfer and fluid flow*. Hemisphere Publishing Corporation, Taylor and Francis, New York, 1980. 79

[65] S. V. PATANKAR et D. B. SPALDING : *Heat and Mass Transfer in Boundary Layers, A general calculation procedure*. Intertext Books, London, 1970. 79

[66] M. PILCH et C. ERDMAN : Use of breakup time data and velocity history data to predict the maximum size of stable fragments for acceleration-induced breakup of a liquid drop. *International Journal of Multiphase Flow*, 13:741–757, 1987. 28, 70

[67] S. B. POPE : An explanation of the round jet/plane jet anomaly. *AIAA Journal*, 16(3), 1978. 64

[68] J. QIAN et C. K. LAW : Regimes of coalescence and separation in droplet collision. *J. Fluid. Mech.*, 331:59–80, 1997. 28, 29, 70, xi

[69] R. D. REITZ : *Atomization and other break-up regimes of a liquid jet*. Thèse de doctorat, Princeton University USA, 1978. 25, xi

[70] R. D. REITZ et F. V. BRACCO : Mechanism of atomization of a liquid jet. *Physics of Fluids*, 25(10):1730–1742, 1982. 25

[71] J. REVEILLON et F. X. DEMOULIN : Effects of the preferential segregation of droplets on evaporation and turbulent mixing. *J. Fluid. Mech.*, 583:273–302, 2007. 29

[72] P. ROSIN et E. RAMMLER : The laws governing the fineness of powered coal. *Journal of the Institute of Fuel*, pages 29–36, 1933. 30

[73] E. RUFFIN, R. SCHIESTEL, F. ANSELMET, M. AMIELH et L. FULACHIER : Investigation of characteristic scales in variable density turbulent jets using a second-order model. *Physics of Fluids*, 6(8):2785–2799, 1994. 94

[74] R. SALIBA : *Investigations expérimentales sur les phénomènes de cavitation et d'atomisation dans les injecteurs Diesel*. Thèse de doctorat, Ecole centrale Lyon, 2006. 26

[75] K. A. SALLAM, Z. DAI et G. M. FAETH : Liquid breakup at the surface of turbulent round liquid jets in still gases. *International Journal of Multiphase Flow*, 28(3):427–449, 2002. 26, 27, 91, 92

[76] K. A. SALLAM et G. M. FAETH : Surface properties during primary primary breakup of turbulent liquid jets in still air. *AIAA journal*, 41(8), 2003. 27, 38, 91

[77] L. SCHILLER, L. et A. NAUMANN : Über die grundlegenden berechnungen bei der schwerkraftaufbereitung. *Zeitschrift des Vereines Deutscher Ingenieure*, 77:318–320, 1933. 75, 97

[78] X. SILVANI, A. STOUKOV et D. VANDROMME : Simulation numérique dŠune zone de mélange temporelle avec de forts gradients de masse volumique. *Combustion*, 2:41–73, 2002. 73

[79] H. C SIMMONS : The correlation of drop-size distributions in fuel nozzle sprays, part i and ii. *ASME J., Eng. for Power*, 99:309–319, 1977. 30, 31, 91, 92

[80] O. SIMONIN : *Continuum modelling of dispersed turbulent two phase flows, combustion and turbulence in two phase flows*. VKI Lecture Series, 2000. 75, 76

[81] E. J. SMITH, J. MI, G. J. NATHAN et B. B. DALLY : Preliminary examination of a round jet initial condition anomaly for the $k - \epsilon$ turbulence model. *In 15th Australasian Fluid Mechanics Conference*, 2004. 115

[82] A. S. P. SOLOMON, J. S. SHUEN, Q. F. ZHANG et G. M. FAETH : A theorical and experimental study of turbulent nonevaporating sprays. *NASA Technical Report*, 1984. 109

[83] D. B. SPALDING : *GENMIX : a general computer program for two-dimensional parabolic phenomena*. Pergamon Press, London, 1977. 78, 79

[84] M. STAHL, M. GNIRSS, N. DAMASCHKE et C. TROPEA : Laser Doppler measurements of nozzle flow and optical characterisation of the generated spray. *In ILASS*, 2005. 26

[85] H. A. STONE et L. G. LEAL : Relaxation and breakup of an initially extended drop in an otherwise quiescent fluid. *J. Fluid. Mech.*, 198:399–427, 1989. 29

[86] J. M. TARJUELO, J. MONTERO, M. VALIENTE, F. T. HONRUBIA et J. ORTIZ : Irrigation uniformity with medium size sprinklers. part i : Characterization of water distribution in no-wind conditions. *Transactions of the ASAE*, 42(3):665–675, 1999. 93

[87] A. TCHIFTCHIBACHIAN et M. AMIELH : Etude des effets du dégazage dans la région de proche sortie d'un jet liquide par PIV discriminante. *In 9e Congrès Francophone de Vélocimétrie Laser*, 2004. 26, 93

[88] A. TOMBOULIDES, M. J. ANDREWS et F. V. BRACCO : On the anisotropy of drop and particle velocity fluctuations in two-phase round gas jets. *Modern research topics in aerospace propulsion - In honor of Corrado Casci*, pages 155–171, 1991. 110

[89] N. TRASK : Implementation of an eulerian atomization model to characterize primary spray formation. Mémoire de D.E.A., University of Massachusetts - Amherst, 2010. 73

[90] A. VALLET : *Contribution à la modélisation de l'atomisation d'un jet liquide haute pression*. Thèse de doctorat, Université de Rouen, 1997. 56, 69, 71, 74, 125

[91] A. VALLET, A. A. BURLUKA et R. BORGHI : Development of a eulerian model for the atomization of a liquid jet. *Atomization and Sprays*, 11:619–642, 2001. 57, 65, 74, 129, 130

[92] E. VILLERMAUX : Fragmentation. *Annual Review of Fluid Mechanics*, 39:419–446, 2007. 30

[93] D. Le VISAGE : *Pulvérisation d'un jet issu d'un injecteur coaxial assisté : Géométrie de l'injecteur, modélisation et approche cryogénique*. Thèse de doctorat, Université de Poitiers, 1996. 116

[94] L. P. WANG et M. R. MAXEY : Settling velocity and concentration distribution of heavy particles in homogeneous isotropic turbulence. *J. Fluid. Mech.*, 256:27–68, 1993. 29

[95] W. WEIBULL1 : A statistical distribution function of wide applicability. *ASME Journal of Applied Mechanics*, pages 293–297, 1951. 30

[96] K. J. WU, C. C SU, R. L. STEINBERGER, D. A. STANTAVICCA et F.V BRACCO : Measurements of the spray angle of atomizing jets. *Journal of Fluid Engineering*, 105:406–410, 1983. 26

[97] P. K. WU et G. M. FAETH : Aerodynamic effects on primary breakup of turbulent liquids. *In AIAA, Aerospace Sciences Meeting and Exhibit, 31st*, 1993. 25, 30, 91, 92

[98] P. K. WU, L. K. TSENG et G. M. FAETH : Pimary breakup in gas/liquid mixing layers for turbulent liquids. *In AIAA, Aerospace Sciences Meeting and Exhibit, 30th*, 1992. 25, 27, 30, 91, 92

[99] I. WYGNANSKI et H. FIEDLER : Some measurements in the self-preserving jet. *J. Fluid. Mech.*, 38(3):577–612, 1969. 94, 100

[100] A. YAZAR : Evaporation and drift losses from sprinkler irrigation systems under various operating conditions. *Agricultural Water Management*, 8(4):439–449, 2003. 20

[101] J. YON : *Jet Diesel haute pression en champ proche et lointain : Etude par imagerie*. Thèse de doctorat, Université de Rouen, 2003. 50

FSC
www.fsc.org
MIX
Papier | Fördert
gute Waldnutzung
FSC® C083411

Zeitfracht Medien GmbH
Ferdinand-Jühlke-Straße 7
99095 Erfurt, Deutschland
produktsicherheit@kolibri360.de

Druck:
CPI Druckdienstleistungen GmbH
im Auftrag der
Zeitfracht Medien GmbH
Ein Unternehmen der Zeitfracht - Gruppe
Ferdinand-Jühlke-Str. 7
99095 Erfurt